10年慶功版

暢銷10週年，銷售20萬冊！見證慶功版

百歲醫師教我的
育兒寶典

林奐均 著　許惠珺 譯

見證
一本好的育兒指南，它絕不過時，只會歷久彌新

黃正瑾

望向窗外冬日蕭索暮色，那夜色越沉，恐懼就更加地箍緊著我，將迎的無盡長夜，已使我淚如雨下一連數日。那是九年前，我是位新手媽媽，初為人母的喜悅隨著對寶寶的無計可施，日日消磨。對生產前就描繪克盡母職圖像的母親來說，有什麼比但願能把孩子再塞回肚子裡更可嘆？

在彷彿毫無指望能「恢復生活日常」的無奈中，《百歲醫師教我的育兒寶典》十一字陡然出現在電腦螢幕裡我的求救爬文中，它是不少人育兒的救星，毫無疑問，後來也成為我的。

按著百歲醫師（丹瑪醫師）的建議，我從挫敗的深淵一躍而起，連連過關斬將，我被擊潰的耐心、愛心與信心，重新回到身上，我從見山不是山，又來到了見山即是山。育兒原來這麼簡單，有了丹瑪醫師豐富的經驗作後盾，我能大膽地

相信身為母親的直覺！

現在的我，是三個孩子的母親。我的兒子——九年前使我想再把他塞回去的那位，是個健康滿足、性情穩定的男孩。從那時起的每一夜他都睡得既長又穩，香甜無比；每個早晨，他無不帶著滿足的笑容，親暱有禮地與我問好。（現在他還會馬上幫忙準備早餐，服事家人。）

有人曾懷疑：用丹瑪醫師育兒法帶大的孩子恐怕會有心理的創傷？他們也許不快樂？被限制？甚至覺得父母不愛他（這……好不可思議?!）好吧，我會說，我的兒子非常快樂，創意無限，他覺得爸媽好愛他（同時他也好愛爸媽），而且截至目前為止，我以身為他的母親的專業判斷：他的心理很健康（我會負責任的繼續觀察下去）。

我的大女兒和小女兒分別是即將五歲和二歲，同樣以丹瑪醫師的方法照顧。他們很快地自然睡過夜，健康滿足，性情穩定，與哥哥並無二致。我毫不懷疑，我們家再來一個寶寶也會有同樣的結果。

九年來，我用同一個方法照顧不同的孩子，他們都有同樣穩定的作息，我們的家庭生活總是規律和諧。我要說：一本好的育兒指南，它絕不過時，只會歷久彌新。

（見證人爲《喂，請問百歲醫師在家嗎？》作者）

見證

第一批使用百歲醫師育兒法的經驗

Serena

我大概是第一批使用《百歲醫師教我的育兒寶典》的媽媽（所以沒人可以切磋交流），當時看完書後，我跟很多有經驗的同事及親友媽媽分享，大家一致覺得書中的理論根本是天方夜譚，因此，老大出生後我並不敢照著做，但經過三個禮拜水深火熱的日子，產後完全沒辦法休息的我竟陷入憂鬱。到了第四個禮拜，我決定照書上說的試試看，雖然期間寶寶曾哭得很厲害，讓我們一度想要放棄，但沒想到一個禮拜之後寶寶就能睡過夜，這對我們當時的慘狀來說簡直是神蹟，第五個禮拜，寶寶就可以睡在自己的房間（有裝監視器，很安心喔）。往後的日子，我和先生甚至可以在晚上九點準時追日劇！親友們都覺得不可思議，但卻千眞萬確！

三年後老二出生，有了帶老大的暢快經驗，起初很有信心，頭兩三個禮拜一切也都上軌道，沒想到寶寶後來出現白天好帶、晚上哭整夜的窘境，於是我鼓起勇氣寫信問奐均，她回信說：「可能只是時差的問題。」果然，我們照她的方法試了三四天居然就好多了，約四個禮拜寶寶就完全睡過夜了。

我們也按照書上的食物泥餵食原則照顧寶寶，寶寶不但營養均衡，對我這個全職媽媽來說，也眞的無敵方便。有趣的是，不知是否因爲寶寶在嬰兒時期就已適應各類食物的味道，我的小孩，以及身邊多數用百歲醫師育兒法帶大的小孩幾乎都不偏食（我的老大現在九歲、老二六歲），這是用百歲醫師育兒法除了生活規律精神好、親子溝通良好等好處以外的意外收穫。

十年來，我已介紹很多媽媽朋友成功使用百歲醫師育兒法，衷心祝福大家。

（作者爲台北市學校教師）

【作者聲明】

本書中的想法、做法和建議，是在補充而非取代專業醫生的建議。採用本書的建議之前，請先問過您的醫生，如果寶寶的情況需要醫生的診斷或治療，也請先問過您的醫生。作者有免責權，不需爲讀者直接或間接採用本書做法所導致的後果負責。

第一章

前言：幸運的我

自從我結婚開始懷孕生子之後，身邊圍繞了一群頂尖的育兒高手，只是我當時並不知道自己如此幸運。我最好的朋友雖然小我一歲，那時已經有三個孩子（現在有六個）。她的家庭安詳和樂、井然有序，六個孩子全在六週大到十週大之間，就能夠一覺睡到天明。除了這個最好的朋友，我先生的姑姑瑪蒂亞也給我很多幫助，她生了十一個孩子，我可沒開玩笑，十一個！這十一個孩子全是她自己帶，沒請保母，沒請傭人，而且她看起來仍然美麗動人，身材苗條，她常跟大家說她是個快樂的媽媽。她家整理得井井有條，每個寶寶在經過十天內的訓練之後，都能夠一覺睡到天明，她的老大甚至才訓練四天就能夠一覺到天明！

瑪蒂亞姑姑寫了一本育兒書——《丹瑪醫師說》（*Dr. Denmark Said It!*），成了我最重要的育兒手冊。她在書中仔細記錄了丹瑪醫

左為瑪蒂亞姑姑抱著第 11 個小孩，右為我抱著老三。

師的醫術良言，丹瑪醫師是瑪蒂亞姑姑的小兒科醫師，又是全美經驗最豐富的小兒科醫師（可能也是全球經驗最豐富的小兒科醫師）。丹瑪醫師在醫學上的一大成就是，投注十一年的時間研究百日咳疫苗，也就是今天每個孩童都必須接種的白喉、百日咳、破傷風三合一疫苗（DTP）中的百日咳疫苗。一九九八年，丹瑪醫師滿百歲，行醫超過七十年，直到一百零三歲才因視力逐漸衰退而退休（享年一一四歲），但她仍然接受電話諮詢，有很多人（包括我和我的朋友）會打長途電話向她請教。丹瑪醫師到一百多歲時仍然頭腦清楚，和藹可親，思路敏捷……而且仍在幫助許許多多的人。我和我的孩子仍不斷地從她的智慧忠告獲益良多。

所以自從我懷了第一個孩子之後，就有一個完美的智囊團做背後的靠山——有全美經驗最豐富的小兒科醫師，有養十一個孩子的媽媽，還有許許多多懂得訓練寶寶一覺睡到天明的媽媽朋友。現在輪到我來分享這些所學到的實用智慧了。我看過很多家庭因爲新生兒的來臨，全家累得精疲力盡（媽媽、爸爸、祖父母等等），才一個小小的嬰兒就有辦法把全家搞得雞飛狗跳！相較之下，有些家庭雖有五、六個孩子，甚至十一個孩子，但每一個孩子都是在全家的喜樂期待之下誕生成長，整個過程毫不慌張，充滿安詳與驚喜，父母輕鬆，孩子滿足。育兒的方式其實可以截然不同！我寫本書的目的是希望能夠幫助更多的父母輕鬆育兒，讓家中的氣氛更加安詳與平和。

百歲醫師的忠告

也許你心裡會想，不知道能不能信任這個一百多歲的醫師，擔心她的醫學常識已經過時。我跟你保證，丹瑪醫師給爲人父母者的忠告，直到今天仍教人受用無窮，而且她的醫學智慧與建言早就經過了時間洪流的考驗，這一點正是當今的醫學理論所欠缺的！我信任丹瑪醫師在醫學方面的智慧，因爲她的結論遠超越這時代各種不同的趨勢和潮流。親愛的讀者，你難道不知道嗎？目前所流行的醫學建言不見得都是正確的！這麼多年來，所謂的醫學「權威人士」不知道犯過多少錯誤。比如說，一九六〇年代和七〇年代的醫學專家，都鼓勵媽媽們要餵寶寶喝配方奶，做母親的爲了孩子的好處著想，就盲目地聽從建議，因此小嬰兒就喝奶粉，媽媽則打退奶針。我自己也跟大多數其他同齡的人一樣，是喝奶粉長大的。幾年後，研究發現，當初那個建議實在錯得離譜！根據統計，喝奶粉長大的嬰兒比較容易生病，也比較容易過敏。原來配方奶裡面少了母奶中所具備的抗體，而嬰兒非常需要這種抗體來建立免疫系統。從很多方面來看，喝母奶都是比較好的，比如說，寶寶比較不容易過敏，母奶比較容易消化，媽媽也比較不容易罹患乳癌等等。現在，經過許多年之後，醫學專家的看法有了一百八十度的轉變，他們改變了原來的說法，重新鼓勵母親要餵母奶。

所謂「專家」（醫師、心理醫師、時事評論家）講的話，不要一字不漏地輕易就相信。你自己要好好想想看，運用常識來判斷一下有沒有道理。我在本書中所分享的方法，不但在我自己的家庭中奏效，在許許多多選用這些方法的家庭中，也都有驚人的效果。

本書中凡引述丹瑪醫師的話，都是摘自瑪蒂亞姑姑所寫的《丹瑪醫師說》，以及丹瑪醫師所寫的《每個孩子都應該有機會》（*Every Child Should Have A Chance*）。希望你透過本書認識丹瑪醫師後，會漸漸喜歡上她，而本書中多處摘錄她明智、風趣與合乎常理的建言，也希望能夠帶給你幫助。最重要的是，我希望本書能夠幫助許多人，重拾養兒育女之樂。

《丹瑪醫師說》原文書封面

第二章

新生兒的照顧

是你們搬進去跟寶寶住，還是寶寶搬進來跟你們住？

第一步：訂定作息時間表

我要分享一下我婆婆的經驗。當年我婆婆初爲人母時，都是寶寶一哭就餵奶，差不多每兩個小時餵一次，連半夜也不例外。她生了四個孩子，前三個孩子的年齡分別都只差兩歲，她說頭六年帶孩子的記憶，如今一片模糊，什麼也想不起來，她不太記得孩子小時候的情形，因爲她那時根本就忙昏頭了。現在她看見我們夫妻按照丹瑪醫師的方式，爲孩子訂作息時間表，覺得很羨慕，當初若曉得這個方法該有多好。

今天絕大多數的醫生都是鼓勵母親在寶寶一哭就餵奶，或是每兩個小時餵一次奶。如果你很喜歡這種寶寶一哭就餵奶的方式，本書恐怕不太適合你。但根據我的觀察，寶寶一哭就餵奶的媽媽，絕大多數都睡眠不足，身體疲憊，心情沮喪。一哭就餵奶的寶寶比較會哭鬧，家裡的氣氛通常比較混亂。我常聽年輕的父母說，他們只想生一個，因爲帶孩子太累了，而且很麻煩，一旁的祖父母聽了，也同意地點頭。才一個小小的嬰兒，似乎就能夠把全家大小累得精疲力盡！但育兒的方式其實可以截然不同！照顧嬰兒可以簡單又有條理，家裡依舊享有安寧，父母有較多的精力享受育兒的樂趣，並且期待再生下一個。我寫本書的用意，就是要提供一套不同的育兒方式，給那些精疲力盡的父母。

作息時間表範例

帶著寶寶出院回家後，就要立刻培養寶寶適應家中的作息。先為寶寶訂一個作息時間表，訓練他在固定的時間吃奶和睡覺。想要寶寶健康，想要家中享有安寧，訂個好的作息時間表非常重要。

每四個小時餵一次奶，新生兒晚上應該有七、八個小時的睡眠，而且是一覺到天明。下面是一個作息時間表的範例：

早上六點	餵奶
早上十點	餵奶
下午二點	餵奶
晚上六點	餵奶
晚上十點	餵奶

若從早上七點開始，那就分別在早上七點、十一點、下午三點、晚上七點和十一點餵奶。

如何確實遵行作息時間表

一、把寶寶叫醒

到了餵奶時間，就把寶寶叫醒。你希望寶寶晚上能夠一覺到天明，而不是白天一直睡覺。我的做法是，餵奶時間快到時，就把寶寶的房門打開，進去把窗簾拉開，讓寶寶慢慢醒過來。如果餵奶時間到了，寶寶還在睡覺，我會把寶寶抱起來，交給喜歡寶寶的人抱一下，像是爸爸、爺爺奶奶或親友，請他們輕輕地叫醒寶寶。可以輕聲跟寶寶說話，親親他，慢慢把他叫醒，也可以幫他脫掉幾件衣服。

二、要餵飽

每次餵奶都一定要餵飽。餵母奶時，每邊各餵十到十五分鐘。我們常跟寶寶開玩笑地說：「這不是吃點心喔。」儘量讓寶寶在吃奶時保持清醒。如果寶寶還沒吃飽就開始打瞌睡，可以搔搔他的腳底，摩擦他的臉頰，或是把奶頭拔開一段距離。儘量讓寶寶吃夠，可以撐到下次餵奶的時間。

三、努力遵行「餵奶—玩耍—睡覺」的循環模式

白天的時候，不要讓寶寶一吃完奶就睡覺。如果你在餵完奶後跟寶寶玩一下，他會玩得很開心，因爲他才剛吃飽，覺得很滿足。等寶寶玩累了之後，再上床時就會睡得比較熟、比較久。等下次的餵奶時間一到，寶寶醒來時，剛好又是空腹準備吃奶。

有很多人是採用「餵奶—睡覺—玩耍」的循環模式。我認爲這樣的循環會讓

寶寶醒來時，肚子呈半飢餓狀態，所以不能玩得很開心。寶寶可能也會覺得有點累，因為睡得比較不熟或比較短。寶寶醒來時若呈半飢餓、半疲倦的狀態，一定會哭鬧得厲害，這時媽媽就很容易提早在寶寶尚未空腹的情況下餵奶，結果寶寶就養成整天都在吃點心的習慣。這是一個惡性循環。

要怎麼跟寶寶玩呢？動作一定要很輕。餵完奶、拍背打嗝後，可以跟寶寶說話，唱歌給寶寶聽，看著寶寶的眼睛，擺動寶寶的腳，抱著寶寶在家裡走一走。我們家孩子小的時候，我常讓她們趴在毯子上，讓她們看看家人在做什麼。如果大家在吃飯，就把寶寶放在飯桌旁（或飯桌上），寶寶可以看大家吃飯。這時大家當然會忍不住一直看著寶寶，對他微笑，逗他開心。寶寶起來一陣子之後，會開始有點累或哭鬧，這時就把他放回床上睡覺，等到下次餵奶時間再抱起來。

只有第一餐和最後一次餵奶的時間（晚上十點或十一點左右），我沒有按照這個「餵奶－玩耍－睡覺」的模式。第一餐用餐時間太早，所以我餵奶、拍嗝，幫寶寶換尿布後就把她送上床睡覺；第五餐吃完我也會小心地幫她拍背打嗝，換上乾淨的尿布，這時不再陪她玩，直接送她上床睡覺。經過一整天的活動，寶寶這時已經累了。

四、萬一寶寶提早醒來，還不到預定的餵奶時間怎麼辦？

這時我會儘量轉移寶寶的注意，拖到餵奶時間。比如說，如果她比預定的餵奶時間提早一個小時醒來，我會幫她拍背打嗝，看她是不是不舒服，幫她換塊乾淨的尿布，給她洗個澡，陪她玩一下。但各位爸爸媽媽，你們要通點人情，不要死守作息時間表。這個作息表間表是要幫助家裡的氣氛安詳寧靜，而不是要毀了這個家。

如果寶寶提早醒來，你已經花了一段時間設法轉移他的注意，但還是不到餵奶的時間，這時候你要回想一下，如果距離上次餵奶已經超過兩三個小時，就可以稍微變通一下，直接餵奶，讓寶寶吃飽，這跟預定的作息時間表只不過差個半小時或一小時而已。如果寶寶在一個小時之前才剛吃飽，那他可能不是因爲餓才哭，這時可以幫寶寶拍背打嗝，讓他舒服一點，看看他會不會再睡著。

五、要有耐心，做法要一致

請記住，通常要花兩三個禮拜的時間才能確實遵守一套作息時間表，你只要努力朝這個目標去做就對了。你會驚訝地發現寶寶竟然很快就能適應這個作息時間表，準時在餵奶時間醒來。有很多次，我看著時鐘，對著家人或來訪的朋友說：「寶寶現在應該要醒了。」話才剛剛說完，立刻就聽到嬰兒房裡傳來哇哇的哭聲。

我相信你接下來要問的一定是：那從晚上十點到早上六點這段時間呢？嬰兒眞的可以學會一覺到天明嗎？這正是我下一章要談的：睡眠。

第三章

睡眠

我對「一覺到天明」的定義是：連續睡超過七小時

嬰兒眞的可以學會一覺到天明嗎？

當然可以。這我可以證明。

一、瑪蒂亞姑姑的十一個孩子，經過十天內的訓練後，都能夠一覺到天明，她的老大才訓練四天就能夠睡過夜了。她採用的是後述的「方法一」。瑪蒂亞姑姑的朋友，只要是採用同樣的方法，也都能夠在十天內訓練寶寶一覺到天明。

二、我最好的朋友波莉有六個孩子，其中五個在六週大時就能夠一覺到天明，另外一個在十週大時開始能夠一覺到天明。她採用的是後述的「方法三」。

三、我的五個孩子都在六週大時，就能夠一覺到天明。我採用的是後述的「方法二」。

四、丹瑪醫師教過許許多多的母親，如何訓練寶寶一覺到天明，我在本書中摘錄了其中許多母親的經驗分享（請詳見「傳承」）。

採用下列方法的父母都同意，能夠一覺到天明對寶寶有好處。想想看，我們大人自己睡眠不足時，都會覺得心情煩躁、精神不濟。小孩也是一樣，如果寶寶能夠學會一覺到天明，發育會更好，心情也會更好。

下面列出三個訓練寶寶一覺到天明的方法，這三種方法其實大同小異。

方法一：丹瑪醫師的方法（經過三到十天的訓練，寶寶就能夠一覺到天明）

這個方法最直接。白天每四個小時餵一次奶，晚上十點最後一次餵奶之後，幫寶寶拍背打嗝、換尿布，確定寶寶很好，床也沒問題，就讓寶寶上床睡覺。接下來就不要再抱寶寶起來，也不要再餵奶，等到明天早上六點再餵奶。

在寶寶適應這個作息時間表之前，半夜很可能會哭，哭對寶寶沒有害處，反而可以自然地擴展寶寶的肺部，加強肺部功能。新生兒通常每天要睡二十個小時，每天都有可能哭到四小時。用這個方法訓練了幾天之後，寶寶就會習慣這個作息時間表，開始能夠一覺到天明。這樣爸爸、媽媽和寶寶，全都可以得到所需要的休息（摘自《丹瑪醫師說》）。

丹瑪醫師說

先把寶寶餵飽，拍背打嗝，換上乾淨的尿布，然後放到床上睡覺。檢查一下嬰兒床，如果床上沒有蛇，你就可以走了——意思就是說，別再吵寶寶了。寶寶想哭就讓他哭，哭對他有好處。

有許許多多的父母聽從丹瑪醫師的建議，結果獲益良多。我在本書最後選了幾篇正面的回應，這裡先摘錄一篇較短的回應。

我帶老大去看丹瑪醫師之前，一直是採用「一哭就餵奶」的方式，睡覺也是一樣，她什麼時候想睡，我就讓她什麼時候睡。只要寶寶哭超過五分鐘，我就會把她抱起來哄。等到寶寶三個月大時，我已經因爲嚴重睡眠不足而情緒緊繃，我先生頻頻搖頭，不知道什麼時候才能再好好吃頓飯，也不知道什麼時候才會有乾淨的衣服可以替換，我自己也快受不了了。

丹瑪醫生要我爲女兒訂個作息時間表，她叫我放心，她說寶寶哭不但沒關係，其實還對她有好處。哭可以讓鼻子暢通，也可以讓肺部更健康。

才短短一個禮拜，家中的氣氛就愉快多了。我和寶寶都可以一覺到天明，我的心情好多了，不再整晚分泌乳汁。在採用丹瑪醫師的方式，爲寶寶訂作息時間表之後，我很快就能夠開始爲全家準備營養均衡的飲食。知道家人可以吃得更健康，我心裡感到很欣慰。原本愛哭鬧的寶寶現在可以滿足地待在遊戲床裡，媽媽終於可以去做家事了。

——喬治亞州的一位媽媽，摘自《丹瑪醫師說》

方法二：奐均的方法

這是我採用的方法，基本上只是把上述丹瑪醫師的方法，稍微修改一下。我白天儘量照著作息時間表去做，甚至餵奶時間一到，如果寶寶還在睡覺，我會把她叫醒餵奶。晚上十點餵過奶後，先仔細幫寶寶拍背打嗝、換尿布，然後就送寶寶上床睡覺。這時我會趕快回到臥房，戴著有夜光燈的錶上床睡覺。

生產完出院回家的第一天晚上，如果寶寶半夜哭了，我會看一下是幾點。先算算看，她是不是已經吃完奶超過四小時，如果是，我會等至少十分鐘，再去抱她起來，餵她吃奶，幫她拍背打嗝，有需要的話就換塊乾淨的尿布，然後再送她上床睡覺。我不會搖她入睡或抱著她走一走，因爲我不希望她養成半夜要人哄的習慣！

第二天晚上，我還是一樣的做法，不過這次我會多等至少五分鐘，至少讓寶寶哭十五分鐘再去抱她起來。第三天晚上，我會再多等至少五分鐘，讓寶寶至少哭二十分鐘再去抱她起來，以此類推。我繼續延長等候的時間，最後寶寶就學會一覺到天明了。有時候我還在等，寶寶就已經不哭，再度睡著，我就不用起來餵她，我自己也

可以再回去睡覺。過了幾個禮拜後，寶寶每天晚上就可以連續睡七、八個小時，半夜不再醒來。我的五個孩子都在大約六週大的時候，就不會半夜醒來一直哭。

請你放心，寶寶不會因此受到什麼心理傷害，哭到睡著沒什麼大不了。有很多個早上，我比寶寶還早醒來，就去等她睡醒準備餵她吃第一頓奶。就算寶寶半夜哭了一會兒，還是可以睡得很好，食慾也不受影響，而且看起來很滿足的樣子。

方法三：「從零歲開始」的方法（可訓練寶寶在七到十二週大時一覺到天明）

如果你不能忍受寶寶哭，可能會覺得方法三比較能夠接受。這個方法在《從零歲開始》（*On Becoming Babywise*）一書中，有詳細的介紹，這本書的作者是艾蓋瑞和貝南羅特博士。我有很多美國朋友採用這個方法，他們的寶寶都能夠學會一覺到天明。我前面也提過，我最好的朋友波莉有六個孩子，其中五個在五、六週大時就能夠一覺到天明，另外一個在十週大時開始能夠一覺到天明。

採用這個方法時，白天仍要儘量按照作息時間表，每四個小時餵奶一次。至於半夜的餵奶，我請波莉親自現身說法：

「寶寶不滿四週之前，我會設鬧鐘，在半夜兩點半起來餵寶寶一次。四週後，我就不再設鬧鐘，這時如果寶寶用哭聲來表示他需要我，我才會去餵奶。但寶寶半夜不再需要我的那一天總會來臨，當這一天來臨時，我會在早上醒來時，驚訝地發現自己前一天晚上竟然一覺到天明！我發現這個方法很溫和，可以讓寶寶慢慢習慣睡過夜。但我覺得關鍵還是在於──寶寶白天吃完奶後，一定要讓他清醒一段時間，幫他拍背把嗝打出來，讓食物充分消化，睡覺時間到時，即使寶寶還不睏，仍要送他上床睡覺。」

艾蓋瑞和貝南羅特說，很多寶寶會在七到九週大之間，自動不需要在半夜吃奶。有些寶寶晚上十點吃過奶後，會漸漸延長下次吃奶的時間，最後會等到早上六點才需要再吃奶。

採用方法三時，絕大多數的嬰兒都能夠在滿十二週之前一覺到天明。有少數的嬰兒已經滿十二週了，似乎還是改不掉半夜吃奶的習慣，艾蓋瑞和貝南羅特建議父母這時可以採用方法一來訓練（丹瑪醫師的方法）。

有些寶寶的生理時鐘「卡」在半夜餵奶的狀態，父母可以協助他們重新設定這個時鐘。如果你注意到寶寶幾乎每天晚上都在同一個時間醒來，這是很明顯的跡象，表示他的生理時鐘卡住了。

矯正這個問題時，可以選在週末，這時家裡沒有人需要早起去上班（如果你晚上被寶寶的哭聲吵得睡不好，也許那天早上可以睡晚一點再起床）。當寶寶醒來時，不要馬上去抱他起來，不管他怎麼哭，那是暫時的，從五分鐘到四十五分鐘不等。要記住，這哭聲是暫時的！有些父母擔心如果沒有立刻回應寶寶的哭聲，會讓寶寶覺得不被愛或沒有安全感。其實正好相反，不幫助寶寶養成一覺到天亮的

習慣，才是殘酷的做法。如果把寶寶抱到床上跟你們一起睡，會延長這個學習的過程。一般來說，要花三個晚上才能培養出這個新的習慣，讓媽媽和寶寶都可以一覺到天明。

——艾蓋瑞和貝南羅特

有許多人採用《從零歲開始》一書的做法都收到效果，也有許多小兒科醫師和媽媽支持這個方法。下面有個實例供你參考。

我強烈推薦大家使用這個方法，因爲眞的有效。我前面三個孩子都是採用一哭就餵奶的方法，我那時不曉得還有別的方法，結果長達五年的時間，我沒有嘗過晚上睡飽覺的滋味。後來有朋友跟我分享你們「從零歲開始」的原則，我剛開始聽不進去，覺得根本沒道理。我有早期兒童教育的碩士學位，你們的觀念跟我所學到的完全相反。

當我們朋友的第一個孩子，竟然在六週大時就能夠一覺到天明，我好生氣。接著我們夫妻倆又看見他們的老二和老三，也是照同樣的方式發展。他們不管做什麼都是老神在在，我們所遇到的問題，他們幾乎都沒有遇到。後來當我發現自己懷了老四時，有好幾個月都心清沮喪，一心只想到失眠和寶寶哭鬧所帶來的痛苦。

我必須很不好意思地承認，當初是在無可奈何的情況下，才採用你們按時間表餵奶的方式，結果真叫我汗顏。我們的老四在四週大時，就能夠一覺到天明，我們不敢相信竟然這麼容易。老四的心情一直是開心又滿足，這是前三個孩子所沒有的。從那時以後，我們又生了老五，這個方法再度奏效。《從零歲開始》挽救了我們的婚姻和家庭。謝謝你們。

——五個孩子的母親（賓州）

有助於寶寶一覺到天明的兩件事

一、鋪嬰兒床的方式要正確

買一個新的、稍微硬一點的嬰兒床墊。丹瑪醫師非常堅持鋪床的方式一定要正確。先把床墊從嬰兒床內搬出來，擺在地上，在床墊上平鋪四條吸水性佳的全棉大浴巾，然後在這四條浴巾和床墊上，套上一個全棉、符合床墊大小的床包，床包必須套緊浴巾和床墊。接著把床墊放回嬰兒床，把所有的皺褶拉平、撫平。

我比較喜歡用美式大浴巾鋪床（好市多有賣），瑪蒂亞姑姑喜歡用中等厚度的浴巾鋪床，我的朋友則是用全棉薄浴巾鋪床，這些方法都可以。如果有疑慮，可以在四條浴巾上套好床包後，倒一些母奶或配方奶在床包上，試試看鋪好的浴巾是否能快速吸收任何液體。你自己也可以躺在這張床上，試試它有多舒服，就知道爲什麼寶寶這麼喜歡睡丹瑪醫師的嬰兒床了。

當寶寶趴睡時，即使臉貼住透氣的浴巾，呼吸仍然可以順暢，皮膚也會透氣，能夠避免長疹子或太熱。寶寶若是吐奶，也會被這些浴巾吸乾。一定要用全棉的浴巾，摻有聚酯纖維的浴巾不透氣，會妨礙寶寶呼吸，寶寶也容易長疹子。

不要使用防止漏尿的尿布墊，因為它不透氣。床包下面只能鋪全棉浴巾，如果其中一條浴巾濕了，只要換掉髒掉的浴巾就好，不需要每次都把四條浴巾全部換掉。

絕對不要讓寶寶用枕頭，即使號稱「趴睡專用」的枕頭也不能用。嬰兒床上什麼東西都不要擺，連玩具都不要放，寶寶的臉唯一能接觸的就是全棉床單。（關於丹瑪醫師的正確鋪床方式，我的第三本著作《百歲醫師教我的育兒寶典Q&A》隨書附贈之DVD有實作示範》。）

二、我們家都是讓寶寶趴睡

到底該讓寶寶仰睡還是趴睡，這個問題有許多爭議。過去二十多年來，醫界開始強力鼓吹父母讓寶寶仰睡。本書不會提出醫界鼓勵寶寶仰睡的論點，你去問一個醫生，或上網去看看，就會看見大家都很堅持父母一定要讓寶寶仰睡。但我們必須知道，很多醫生或醫院並沒有自己針對這方面做過研究，只是參考相同的、有限的研究成果，所以我們必須自己研究一下這些原始資料。我自己是個很好奇的人，看到這麼多人聲稱嬰兒趴睡很危險，卻沒有人能夠提出確實的原因。各式各樣的理論很多，但眞正的原因仍未找到，比較負責任的結論大多會承認這個事實。其實只要還有少數比例的仰睡嬰兒會死於猝死症，我們就可以下結論說，仰睡不能眞正解決嬰兒猝死症。

當然我們對攸關生死的問題，必須謹愼看待，我無意勉強爲人父母者，去做讓自己良心不安的事，父母必須爲自己的決定負責，但我要鼓勵各位父母把前後邏輯想清楚之後，再自行決定怎麼做。如果你讀了這本書，仔細思考之後，決定讓寶寶仰睡，我會對你說：「加油。」我們家五個寶寶都是趴睡，嬰兒趴睡時會睡得比較好，也睡得比較久，這是個不爭的事實，連支持嬰兒仰睡的人都不得不承認這一點。爲什麼寶寶趴睡時會睡得比較好？因爲比較有安全感。我覺得這是基本常識，你觀察一下寶寶就知道。當我們把寶寶抱起來時，會很自然地讓寶寶的肚子貼住我們的胸膛，儘量讓寶寶跟我們有身體的接觸。我們抱寶寶的時候，不會讓寶寶背對我們，讓他的背頂住我們的胸膛！爲什麼不這樣抱？因爲寶寶會沒有安全感，小手小腳會亂晃。寶寶的本能是抓住東西（跟無尾熊一樣），當寶寶仰睡時，會覺得前面空蕩蕩的，沒有安全感。趴著的寶寶有安全感，因爲他的手腳隨時可以接觸到床。

想想看，當你躺下來，讓寶寶睡在你腹部上時，你會讓寶寶用什麼姿勢躺下來？當然是趴著的姿勢，我覺得這個姿勢最有安全感，也最合邏輯。

丹瑪醫師說

你去看看貓、松鼠、牛和馬怎麼照顧牠們剛出生的寶寶，牠們很清楚要讓寶寶用什麼姿勢睡覺。沒有一種動物會笨到讓剛出生的寶寶仰睡，只有人類是這樣。小寶寶在肚子裡被緊緊抱住了九個月，你若讓他仰臥，他的手腳突然間放開來，會覺得好像快要跌下去……有些父母因為新生兒哭個不停，請我到家裡看診，但我一走進去就發現寶寶是仰臥的姿勢，而且顯然嚇得發抖，這時我會把寶寶翻過來讓他趴著。等我坐下來聽父母描述情況時，寶寶早就睡著了。做父母的可能會覺得這筆錢花得冤枉，晚上緊急召醫師來家裡看診，結果醫師只是幫寶寶翻個身，讓寶寶趴著而已。當寶寶仰臥時，他的反應就跟一隻四腳朝天的甲蟲一樣，很害怕，一定要等到手腳垂下來能碰到東西時，才會有安全感。

有些人擔心趴睡的嬰兒若是吐奶會嗆到，其實剛好相反，我們認為仰睡的嬰兒若是吐奶，會更容易嗆到。嬰兒仰臥時會覺得無助，但嬰兒趴著的時候，比較容易自由活動。你試試看，拿一根棉花棒清清嬰兒的鼻孔，或是拿燈照嬰兒的臉，他會本能地把頭移開，避開讓他不舒服的東西。所以趴睡的嬰兒若是吐奶，會本能地把頭移開，避免接觸這塊又濕又冷的地方。如果鋪床的方式正確，吐出來的奶也會被下面的浴巾吸收。

丹瑪醫師說

我行醫七十幾年來，完全沒碰到嬰兒猝死症的情形，因為我一定吩咐做母親的要讓嬰兒趴睡，我也教她們正確的鋪床方式。我告訴她們：「寶寶一生下來，除了餵奶之外，絕對不要讓他仰臥。」

造成嬰兒死亡的原因很多，罹患腦脊髓膜炎的嬰兒有可能在睡眠中死亡，但我不相信嬰兒會有所謂的嬰兒猝死症，除非是仰睡。我知道我的看法是對的，仰臥的嬰兒會有因吐奶而窒息的危險，他也許吐出一大口奶，然後把奶吸入肺部，結果就嗆死了。嬰兒非常容易嗆死。

側睡的嬰兒也許不會有嬰兒猝死症，但他不能適當地使用肌肉，而且頭

> 部會變形。嬰兒需要使用四肢和頸部的肌肉，但只有在趴著時才能動到這幾個部位的肌肉。
>
> 前不久有個四個月大的小病人來診所看我，他的父母用側睡枕把他的身體固定，讓他側睡。他已經四個月大了，卻還不能抬頭，這是因為他根本沒有機會使用頸部的肌肉！他的右手臂無力，頭部的側邊很扁。

寶寶仰臥時會顯得很無助，因爲不能像趴著時那樣，可以在床上移動，也不能像趴著時那樣，可以使用頸部。正常的寶寶一生下來，在趴著時就會抬頭，並且可以轉頭換邊，這樣就會使用到頸部和背部的肌肉，很快的就能把頭抬起來挺住。如果寶寶到了兩三個月大還不能抬頭，做母親的就要開始擔心是不是有什麼問題。仰睡的孩子通常臉型比較寬，而且後腦勺是扁的（摘自《丹瑪醫師說》）。

趴睡的寶寶有安全感，若是吐奶也是吐到床單上，不會有危險。趴睡的寶寶可以好好練習使用肌肉，頭型也好看。讓寶寶趴睡眞的很重要。只有在下面這兩種情況下，我不會建議父母讓寶寶趴睡：第一、沒有按照上述指示來鋪寶寶的床；二、寶寶跟父母睡同一張床。

我每次跟人家說，我們家五個孩子六個月大就會爬，大多數的台灣人聽了都很驚訝。我的孩子在四個月大時，就能夠用手臂和膝蓋把身體撐高，把頭抬高，努力想爬看看，這比台灣人常說的「七坐八爬」還早。不過一般台灣人都是讓寶寶仰睡，我自己這顆扁頭就可以證明！趴睡的寶寶，肢體動作的發展比較快，這是不爭的事實。仰睡的寶寶，肢體動作通常比較不靈光。如果你決定讓寶寶趴睡，寶寶的睡姿要擺得像正要爬行的姿勢，讓寶寶的手臂自由活動，手掌靠近臉頰，手肘彎起，這樣他就能隨意移動和吃手安慰自己。這個睡姿還能讓寶寶自由地用手臂的力量把自己撐起來。不用在意腳怎麼擺，讓寶寶自己選擇最舒服的姿勢就好。

不要擔心臍帶，只要按醫生的指示護理臍帶即可。

我會在寶寶身上蓋全棉的薄被。如果擔心寶寶會冷，不要在他身上蓋厚被，但是可以幫他穿暖和一點，不過要確定寶寶不會熱到流汗。

按作息時間表睡覺和吃奶的好處

一、媽媽心情愉快，孩子心情就愉快

讓寶寶按作息時間表睡覺和吃奶最大的好處是，父母可以得到較多的休息和自由。爲什麼這是好事？因爲父母有充分的休息時，才能夠做更稱職的父母。當我有充分的休息時，就可以做個更稱職的母親，也比較有耐心和體力照顧孩子的需要，道理就是這麼簡單。

二、家中氣氛安詳寧靜

每個人（包括寶寶）都希望待在一個安詳寧靜、井然有序的家庭，秩序和固定的程序會營造出一種愉快的祥和氣氛，全家會覺得更輕鬆、更有精力來享受親子生活。

三、寶寶更有安全感

按作息時間表吃奶和睡覺的寶寶，會漸漸信任父母將按時做該做的事。寶寶也漸漸曉得不需要用哭來得到他們想要的東西，他們可以感覺到父母知道他們需要什麼，也知道父母會在生活上引導他們。

四、能夠分辨是不是有什麼大問題

如果沒有一套固定的程序，每次寶寶一哭，全家都會很緊張，很難分辨寶寶是不是有什麼大需要。訂一套良好的固定程序，有助於分辨是不是有什麼大問題。我舉幾個例子說明一下。

第一個例子　我可以預知寶寶會睡多久

我把寶寶放到床上睡覺之後，如果一切情況都按照固定的程序來（比如寶寶沒有發出奇怪的聲音，或是睡在她自己的床上等等），我知道她會睡到下次餵奶的時間才醒來。如果家裡有人看家，我甚至可以出門去辦事。有了固定的程序，就能夠預知寶寶的行爲。所以如果寶寶偶爾睡到一半哭醒，我就知道有問題，通常是大便或需要打嗝。

有一次我的表嫂帶著**一歲**的孩子來我們家吃午飯。她先餵孩子吃奶，孩子吃完奶睡著了，她就把孩子放到樓上的房間睡覺，那個房間離樓下的飯廳很遠，她每隔幾分鐘就會上去看看孩子有沒有醒來。後來我先生主動說他願意待在樓上聽聽看她的孩子有沒有醒來，讓她好好跟大家吃頓飯。接下來換我們**一個月**大的寶寶需要睡覺，我就跟表嫂說，我們不需要去檢查寶寶有沒有醒來，因爲她一睡就是兩個小時。表嫂很驚訝我這麼確定寶寶什麼時候會醒來。

後來我正跟她談到我們爲寶寶訂作息時間表的方式時，我們的寶寶提早一個小時醒來，開始哭，這實在很不尋常。結果我一抱寶寶起來，她立刻打了一個大嗝，然後就不哭了。

我舉這個例子是想說明一件事——有一套固定的程序不但能幫助我們看出寶

寶的情況不太尋常，也能給父母自由，不必被寶寶綁得動彈不得。

第二個例子 我可以預知寶寶會哭多久

我們家五個孩子都是出生後就睡自己的床，而且是靠自己入睡，我們從來不會搖她們入睡，也不會抱著走來走去直到她們睡著。我們不讓她們養成非要爸媽躺在旁邊才睡得著的習慣。當我們知道寶寶累了時，就會檢查一下尿布，拍背打嗝，把床鋪好，給寶寶一個緊緊的擁抱，親一下，然後把她放到嬰兒床上（等寶寶幾個月大之後，我們還會在床上放一個絨毛小玩具或一條柔軟的小毯子）。如果寶寶上床後開始哭鬧，我們不會把寶寶抱起來。很快的，寶寶就會曉得，一旦睡覺時間到了就非睡覺不可。

到最後，我們家每個寶寶在上床後不到一分鐘，就會安靜下來，自己睡著。有少數幾次我放寶寶上床後，寶寶哭鬧超過五分鐘，我就會看著時鐘算時間。如果十分鐘後寶寶還在哭，我知道一定有點問題，就會進去看看寶寶怎麼樣。我們家的寶寶很少在上床後哭超過好幾分鐘，若是哭這麼久，大多是因爲尿布髒了。

有一次我進去之後，發現寶寶從嬰兒床上站起來，她是想告訴我，我忘了把她的娃娃放回床上。沒錯，我那天下午洗了她的娃娃，後來忘了從烘衣機裡拿出來。因爲我們有一個很固定的程序，所以只要情況有點反常，就很容易察覺，可以去看看怎麼回事。

不管你做什麼（或沒做什麼），都是在訓練孩子

基本上，我們是在訓練孩子能夠安慰自己，靠自己入睡。我們不讓孩子養成需要開夜燈的習慣，或需要臥室的門稍微打開，我們更不會助長孩子養成需要父母睡在旁邊的習慣。上述這些「需要」（開夜燈、父母睡在旁邊……）都是在父母的訓練之下養成的。我們的孩子從小就不會覺得漆黑的房間有什麼好怕的，如果我忘了把房門關緊，已經上床的兩歲女兒會提醒我要把門關好。當房間保持漆黑、房門緊閉時，我們的孩子反而更有安全感。

每次有客人第一次來我們家，我們都會帶他們參觀一下，我們會介紹說：

「這是我們的臥室，這是孩子的臥室，這是寶寶的臥室。」

「什麼?!你們的寶寶自己睡一間?」

這時我們會微笑地回答說：「對啊，我們家每個孩子都是出生後就自己睡。」

客人聽了通常會不可置信地搖搖頭，然後說：「這大概需要訓練吧，我們家的孩子到現在還跟我們睡，我們覺得好煩。」

這時我們會再度微笑地回答說：「其實你們家的孩子也受過訓練，他們是被訓練成需要跟你們睡。」

其實我也很喜歡躺在孩子旁邊，能夠依偎在孩子旁邊的感覺實在很甜蜜，但在我們家，這不是個「習慣」，而是一個特別的歡樂時光。

平均每天所需的睡眠時間（摘自《丹瑪醫師說》）

新生兒	二十小時
三個月	十六小時
兩　歲	十二小時
六　歲	十二小時
青少年	八小時
成　人	八小時

前表僅供參考。每個人所需的睡眠時間都不同，像我自己每天就需要至少九到十個小時的睡眠才會覺得夠。

我們家的作息時間表（當我的前三個孩子分別是一歲、三歲、五歲時）

早上七點	寶寶起床，吃早餐
早上八點	較大的孩子起床，吃早餐
早上十點	寶寶回床小睡
下午一點	午餐
下午二點	孩子的安靜時間或午睡時間（安靜時間是爲不需要睡午覺的較大孩子安排的。在這段時間不能講話，不能跟別人一起玩。所有活動都是屬於靜態的，如畫畫、看書、安靜地自己玩）
晚上六點	晚餐
晚上七點	寶寶上床，一覺到天明
晚上八點	讀床邊故事，較大的孩子上床睡覺
晚上十點半	爸媽上床睡覺

台灣的朋友聽到我們的孩子那麼早上床睡覺，都會驚訝地說：「我們的孩子都要到晚上十一點才上床睡覺！」或是說：「如果我們的孩子那麼早上床，我們根本就見不到孩子了，因為我們差不多這個時間才會下班回家。」當初我們只有老大和老二時，兩個孩子都是晚上六點半上床，睡到第二天早上六點才起來，有些人聽了更是驚訝不已。

我相信連續長時數的睡眠對發育中的孩子有益，如果你的孩子容易生病，也許你應該注意一下他每天睡幾個小時。我們家五個孩子每天都有超過十一個小時的睡眠。台灣有很多父母喜歡晚上帶孩子出門去逛夜市，或是去朋友家吃晚飯等等，在外面待得很晚才回家，這跟美國人的生活很不一樣。在美國，有小孩的家庭一起吃晚餐時，通常會把晚餐時間提早，好讓父母可以早點回家送孩子上床。如果父母晚上需要應酬，比較晚才能回家，就會請保母來幫忙看孩子，讓孩子維持正常的作息時間。

丹瑪醫師說

父母如果總是在適當的時間送孩子上床，孩子最後就會開始在適當的時間睡覺。下午有睡午覺習慣的孩子，通常晚上比較睡不好。務必要讓寶寶早點上床睡覺，這樣爸爸媽媽才可以在晚上喘一口氣。

我剛開始行醫時，有一次有個母親帶了兩名年幼的女兒來診所看我，她說孩子晚上都不睡覺，希望我開點鎮靜劑給她們吃。

我百思不解，不斷問她一些問題，想找出孩子不睡覺的原因。最後我問她：「她們早上幾點起床？」

她回答：「大約十一點半。」

我告訴這個母親：「那她們應該晚上十一點半再上床睡覺！」我建議她早上七點叫孩子起床，給她們吃早餐，如果她照做，時間一到，孩子就會想睡覺了。

下面這封信是一對夫婦朋友的來信，他們原本不採用我們的建議，而是按照目前醫學界的教導去做，採用一哭就餵奶的方式，並且讓寶寶仰睡。後來這對夫妻在睡眠被剝奪了十天之後，就禱告，並做了一些改變，聽從丹瑪醫師的建言。

以下是他們的故事：

親愛的主烈和奐均：

我們眞的很感謝你們。兩天前，我們夫妻倆眞的快累癱了，於是決定違背目前醫學界的建議，改讓寶寶趴睡，並且禱告求上帝保護我們的寶寶。結果不到一分鐘，寶寶就睡著了。以前讓寶寶仰睡時，他都會哭很久，我們只好抱他起來走來走去，想盡辦法要幫助他入睡。雖然我很擔心寶寶趴睡會有危險（而且三不五時就會去檢查看看），但寶寶睡得很好，還連續睡了四個小時，這眞是個奇蹟！而且他那時已經吃完奶五個小時了。等他醒來吃奶時，他眞的是卯足勁在吃奶，我太太說她可以感覺到母奶汩汩流出來，她說這才像是認眞吃奶的樣子！在這之前，寶寶根本就像在吃點心一樣。

後來我們決定每次都讓寶寶趴睡，並且儘量每四個小時餵一次奶。啊，結果眞是太令人滿意了，睡覺變成一件很幸福的事！才短短二十個小時之前，寶寶每隔兩三個小時要吃一次奶，每次吃母奶二十分鐘，加上九十西西的配方奶，但二十四小時之後，改成每隔三個半小時到四小時吃一次奶，每次用力吃母奶二十分鐘，加上六十西西的配方奶。眞感謝上帝這樣幫助我們！眞是讚美主，讓我們認識主烈和奐均！我太太原本又累又煩，不但已經影響到乳汁的分泌，甚至有可能得到產後憂鬱症。不過我今天白天從辦公室打電話給她時，她的聲音聽起來已經愉快多了。眞的很感謝你們的幫忙！

我們仍在努力幫助寶寶適應每四小時吃一次奶的作息時間表，但有幾次我們聽從了你們的建議，用腦子想一想，然後決定在三個半小時後提前餵奶。結果他吃完奶之後，仍然十分滿足愉快。

今天早上發生一個情況更是令我們鼓舞不已。今早六點的時候，他開始有點哭鬧，離上次吃完奶（凌晨兩點）三個半小時。我走過去稍微輕拍一下他的背，他立刻就安靜下來，接下來的半小時，只發出一點小小的嗚嗚聲，嘴唇發出一些咂咂的聲音。到了六點半（離上次餵奶四小時），他開始放聲大哭，聽起來好像肚子眞的餓了。我看了一下時鐘，離他上次吃奶剛好四小時！我把他從嬰兒床上抱起來，然後太太就餵他吃奶。看到寶寶這麼快就能夠調整他的生理時鐘，實在很棒。

現在的情況眞的比先前好上五千倍！假如當初不認識你們，我們恐怕還在按照一哭就餵奶的方式，而且一天到晚怨天尤人！

再一次謝謝你們的禱告和幫助！

主内弟兄　紀軻

二〇〇五年四月四日

第四章

哭

寶寶不是每次一哭就表示有需要，千萬不要想盡辦法讓寶寶不哭。丹瑪醫師強調，寶寶哭是很正常的，而且哭對寶寶有益處。

丹瑪醫師說

今天不讓寶寶哭，寶寶明天就會讓你哭。我們會擔心早產兒和唐氏症寶寶，是因為他們哭得不夠。三個月以下的正常嬰兒，每天應該會哭個三到四小時。很快的，這段愛哭期會出現固定的模式，幾乎可以準確地預知寶寶會在什麼時間哭。

我們家寶寶都沒哭那麼多小時，她們最後都學會安慰自己，眞的有需要時才會哭。所以不要每次寶寶一哭就緊張兮兮。

有些人以爲讓寶寶偶爾哭一陣子很殘忍。很多媽媽指責我，因爲我在訓練寶寶的期間，會讓她們在特定的時段哭。我讓寶寶哭的條件非常清楚：第一，訓練期沒有很久，是暫時的；第二，我不會整天放任寶寶哭。我只讓寶寶在特定的時段哭，而且這麼做只有一個清楚的目的——滿足寶寶睡覺和休息的需要。

滿足寶寶的所有需要

重點是，我們應該儘量隨時滿足寶寶的需要，他們害怕或痛苦時，我們給予安慰，他們的尿布濕了，我們幫他們換尿布，他們肚子餓時，我們餵飽他們，我們也要常常疼愛和親吻寶寶，這些都是寶寶的需要，我也都盡快加以滿足。

當寶寶累了哭鬧時，最需要是睡眠，所以我幫助寶寶建立良好的睡眠模式，來滿足她的需要。研究證明，學會自己入睡的寶寶，會睡得比較久、比較熟，因爲不需要靠別人入睡。如果我一直把寶寶抱起來搖，她的睡眠模式會一直被打斷，但是我讓寶寶哭到睡著時，我知道她只是在發洩情緒，她很快就能學會安慰自己入睡的重要技巧了。我不覺得有罪惡感，因爲我知道這樣做對寶寶最好。寶寶醒來時，已經得到充分的休息，心情愉快，成長良好，胃口大開，所以我知道我的做法沒有錯，我的動機完全是爲了寶寶著想，這會很殘忍嗎？其實剛好相反，我們認爲不幫助寶寶一覺到天明才是殘忍（不培養寶寶一覺到天明，對家人也是一件殘忍的事，尤其是媽媽）。

因爲愛寶寶，所以才要培養他連續睡久一點（想想看，當你不能一覺到天明時，第二天是不是很累，脾氣暴躁）。一覺到天明的寶寶可以得到較多的休息，會更滿足，更健康。

偶爾讓寶寶一直哭，眞的不會造成傷害嗎？

不會。在一個充滿愛的家庭，寶寶經過一整天的細心照顧，肯定已有足夠的安全感，睡前讓他哭一陣子，並不會傷害他，反而會幫助寶寶學會安撫自己入睡的方法，使他一生受用無窮。如果你有機會問問丹瑪醫生的病人（臉書社團：Dr. Leila Daughtry-Denmark, M.D.），大家都會告訴你，遵行丹瑪醫生的方法，讓他們的寶寶更有安全感也更快樂。

我自己的五個孩子也是這樣，讓她們在睡前宣洩情緒哭一下，不但沒有傷害她們，反而讓她們學會自行入睡，擁有好的睡眠習慣。

我們都希望孩子感到被愛與安全感，當孩子知道一切都是由父母掌控，而不是由他們掌控時，就會有安全感。如果你希望寶寶有安全感，做法就要一致，按照作息表走；父母的不一致，才是寶寶缺乏安全感的原因。

如果寶寶每次一哭你就緊張兮兮，寶寶很快就會曉得這個家由誰做主。他會養成習慣，用哭來得到他想要的東西。但這些得到掌控權的孩童在長大後，卻反而容易沒有安全感。爲什麼？因爲他們其實不曉得自己要什麼，也不曉得什麼對他們有益。父母沒有爲他們設定界線，他們不知道接下來會發生什麼事，因此會沒有安全感。

相較之下，如果寶寶知道自己不管哭不哭，父母都會隨時照顧到他的需要，就會有安全感，因爲寶寶自己的態度雖然反反覆覆，但父母的做法永遠一致，所以他能自由發展和成長。

最後的結果是，按規律作息、能夠一覺到天明的寶寶，早上醒來時不會再哭鬧，這些寶寶在早上醒來時，會喃喃自語或發出愉快的聲音。我們家的寶寶早上醒來時，常常在嬰兒床上唱歌，等家人來抱他們，她們已經睡了個好覺，而且根據過去的經驗，知道爸媽一定很快會來抱她們起床，所以幾乎每個早晨，寶寶都用開心的笑容以及歌聲迎接我和先生。因此，我再次強調，當孩子知道一切都是由父母掌控，而不是由他們掌控時，就會有安全感。

寶寶爲什麼會哭？

丹瑪醫師說

有些母親不餵母奶或是沒辦法餵母奶，但寶寶對牛奶或任何一種奶粉都過敏，這樣的寶寶會哭鬧不停，直到吃進合適的食物。有些寶寶是皮膚過敏、發癢，所以哭鬧不停、睡不著。有些寶寶在出生時受傷，比正常的寶寶容易哭鬧，醒著的時間也較長。有些寶寶穿太多、很熱，有些寶寶穿太少、很冷。有些寶寶身上擦油，覺得不舒服。有些寶寶一生下來就沒人要，他們似乎可以感受到自己不被接受，這樣的寶寶不快樂，也睡不好。但造成寶寶哭最常見的原因是仰睡，仰睡讓他們覺得害怕。

如果上述都不是寶寶哭鬧不睡的原因，這時就要記住，每個寶寶都不一樣，他們對快樂和痛苦的反應能力各有不同，這一點就跟成人一樣。我們不能斷言嬰兒應該會哭多久才對，但哭對嬰兒的發育非常重要，嬰兒一定要哭才行，用力哭可以打開肺部，讓肺部的功能得到充分的發展。

所以請放心，要把哭當作是寶寶的運動，哭有助於發展他們的肺部，我們家五個孩子的肺部都很健康！若有必要，你可以打開電扇、除濕機或空氣清淨機，製造一點小噪音來蓋住寶寶的哭聲，以免吵到家人。我的做法是，剛開始訓練寶寶睡過夜的那幾個禮拜，儘量讓寶寶睡在離家人遠一點的房間裡（只有我聽得到寶寶的哭聲），這樣家人在睡覺時就不會被吵到。

很多讀者問我，疝氣是不是因爲寶寶哭得太厲害才引起的。我在網路上查了一下資料，我讀到的八篇資料都堅稱哭不會引起疝氣。疝氣是先天性的，即使寶寶不哭，還是有疝氣，只是後來因爲用力，或是哭得厲害時，我們才看出他原來有疝氣的問題。你可以自己去查一下資料，下面有些資訊也可以參考看看：

1.www.hernia.org/paeds.html

2.www.kidsgrowth.com/resources/articledetail.cfm?id=1232

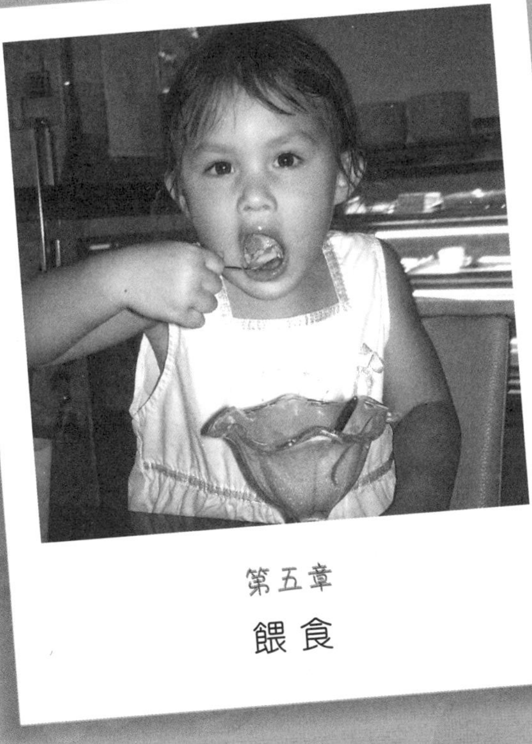

第五章
餵食

餵母奶好處多多

若是可能，請儘量餵母奶。母奶對寶寶的身體最好，沒有什麼食品比得上。這是個不爭的事實，母奶是最完整、最完美的嬰兒食品，而且能夠提供額外所需的抗體，來建立寶寶的免疫系統。

許多有力的證據顯示，吃母奶的寶寶比較不會拉肚子，就算拉肚子也比較不嚴重，也比較不會感染呼吸系統的疾病和細菌性腦脊髓膜炎，以及發生尿道感染。餵母奶對媽媽的健康同樣是好處多多，可以幫助子宮儘速恢復原狀，降低罹患乳癌的機率，身材也會恢復得比較快。

我們家五個孩子都是一出生就吃母奶。上帝的設計實在奇妙，這些小嬰兒可不像你所想像的那麼無助，她們雖然沒有經驗，但一生下來就立刻知道怎麼吸吮奶頭。我們家五個孩子從小只吃母奶，都長得很健康，沒有對什麼食物過敏，也沒有因為生病住院過。

按作息時間表餵奶的方式，會讓餵奶變成一件愉快的事，而非苦不堪言。而且我覺得餵母奶真的很方便，母奶永遠很新鮮，溫度也剛剛好，不用洗奶瓶，還可以省很多錢呢！

親餵時儘量每邊各餵十到十五分鐘，餵完後要記得幫寶寶拍背打嗝。

丹瑪醫師說

有些人以為增加餵奶次數和延長餵奶時間可以促進乳汁的分泌，其實不然。前幾天有個媽媽來診所，她每兩個小時就餵一次奶，整個人看起來疲憊不堪，寶寶也是精神不濟，她的丈夫更是一副隨時要離家出走的樣子！其實她根本不需要每兩個小時餵一次奶，只要保持愉快的心情，按照時間表餵奶，並且好好享受餵奶的樂趣，自然就會分泌出足夠的乳汁。

餵多少才適量？

嬰兒不可能喝太多奶，每一個新生兒都會在出生後頭幾天減輕兩百二十公克左右的體重，但一週內應該就會回升到出生時的體重。接下來通常每天會增加二十八公克的體重，直到十二週大（每個月大約增加九百公克）。滿十二週後，體重增加的曲線會減緩，每天大約增加十四公克，到五個月大時，大多數嬰兒的體重，會比剛出生時的體重多了大約三千兩百公克（摘自《丹瑪醫師說》）。

只要寶寶的體重持續增加，而且很健康，父母就不用擔心。不必跟別人家白白胖胖的嬰兒比較，胖不見得就是健康，不管親戚朋友怎麼說都一樣。

丹瑪醫師說

我看過一個非常健康的嬰兒，但他每次喝奶都不超過九十西西。每個嬰兒的需要都不一樣，母親需要注意的是，嬰兒的體重是否持續增加。

什麼時候開始餵嬰兒食品？

寶寶通常會在三個月大時開始流口水，流口水不表示長牙，而是表示口水裡面有唾液澱粉酵素，可以將澱粉轉化為醣。這時寶寶已經準備好，可以開始消化母奶以外的食物（摘自《丹瑪醫師說》）。可以在寶寶三個月到六個月大之間，開始餵他吃食物泥。

餵寶寶吃食物泥

給寶寶吃的食物不能只是搗碎而已，一定要用攪拌機或食物調理機打成泥狀才行。

維持原來的餵奶時間表，分別在早上六點、十點、下午二點、晚上六點和十點餵奶，但現在可以在早上十點、下午二點、晚上六點餵完奶後，餵寶寶吃食物泥。

第一週先讓寶寶吃嬰兒米粉。把擠出的母奶或配方奶加入嬰兒米粉中，在早上十點、下午二點、晚上六點餵完奶後，給寶寶吃四分之一小匙（一小匙爲五公克）的食物泥，連續試四天，觀察寶寶有沒有任何過敏反應。如果寶寶沒有過敏反應，就可以漸漸增加到每餐讓寶寶吃兩大匙。

第二週用同樣的方法加入香蕉泥，把四分之一小匙的香蕉泥，加到已經嘗試過的嬰兒米粉中，連續試四天，如果寶寶沒有任何過敏反應，就可以漸漸增加香蕉泥的分量。每次都用這樣的方法，加入另外一種新的食物，每次四分之一小匙，連續試四天，以觀察寶寶對新的食物有沒有起過敏反應。

第三週用同樣的方法加入蘋果泥，把四分之一小匙的蘋果泥，加到嬰兒米粉香蕉泥，並用上述的方法漸漸增加分量。如果寶寶的便便太硬，丹瑪醫師的建議是第三週先加黑棗，以後再加蘋果。

第四週丹瑪醫師會用同樣的方法，開始讓寶寶試吃牛肉泥。一開始先讓寶寶小量試吃，然後漸漸增加分量。

第五週丹瑪醫師會用同樣的方法，開始讓寶寶試吃紅蘿蔔，每次在之前已經試過的食物泥中，加入四分之一小匙的紅蘿蔔泥，然後漸漸增加分量。

把所有食物放在一起，均勻地打成泥狀。每次加入新的食物時，都是一開始先加入四分之一小匙。瑪蒂亞姑姑和我接下來喜歡加入的食物是南瓜或高麗菜，之後還會加入豆子、黑眼豆、豌豆和綠色蔬菜。

因為寶寶已經習慣喝溫溫甜甜的母奶或配方奶，如果把食物泥調成溫溫甜甜的（可以用水果來增加甜味，如木瓜、香蕉、蘋果、梨子、芭樂等），寶寶的接受度會比較高。

有些部落格建議不要在食物泥中加入肉和蛋白質。丹瑪醫師在寶寶三個月大時，就已經開始讓寶寶吃肉和蛋白質了，她強調食物的比例要正確，攝取要平衡。食物泥中如果沒有蛋白質來平衡蔬菜中的纖維，寶寶一天中的腸道蠕動就容易過度頻繁而常常便便。

我常常以雞胸肉當作蛋白質主要來源，因為它最經濟實惠。但別忘了定期補充紅肉，因為紅肉有豐富的鐵質。

觀察寶寶是否有過敏或不適反應

如果寶寶對新的食物沒有起什麼反應，應該就表示不會對那種食物過敏，可以漸漸增加這種食物的分量。接下來再加入另外一種新的食物，每次四分之一小匙，連續試四天，以此類推。這個方法很安全，可以讓寶寶嘗試各種不同的食物。

萬一起了過敏反應，就把那種食物記錄下來，並描述起什麼反應。也許是起疹子、拉肚子、氣喘、濕疹、嘔吐、花粉熱、流鼻水或哭鬧不停，有任何不正常的情況都應該記錄下來。一個月後重新給寶寶吃吃看當初疑似有問題的食物，看看會不會出現同樣的反應。如果再度出現同樣的反應，寶寶有可能這輩子都會對這種食物過敏。

大多數的寶寶因爲剛開始還不習慣食物泥的口感，幾乎都會全部吐掉。有些寶寶比較容易餵食物泥，有些寶寶就很難餵，但不管怎樣都要有耐心，不斷努力去試。你要放鬆心情，跟寶寶一起享受這個新的經驗，過了一段時間之後，也許會驚訝地發現，寶寶怎麼會吃這麼多！原則上寶寶想吃多少，就餵多少。

製作嬰兒食物泥

丹瑪醫師建議每餐的食物泥中，各類食物比例如下：

蛋白質三大匙（一匙爲十五公克）
澱粉三大匙
蔬菜三大匙（早餐可加蔬菜，也可以不加）
水果兩大匙
香蕉一根

把各類食物放在一起，均勻地打成泥狀。（以上所列的是煮熟後的分量，例如煮熟的米、煮熟的豌豆或豆子等。）

製作食物泥的簡單五好料

雞胸肉半塊（約一百公克，牛肉或豬肉也可以）
南瓜一大塊（大小和雞胸肉差不多）
燕麥片半杯（約一百二十公克）
地瓜葉一杯（一杯約二百四十ml）
四根熟透的香蕉

（我的第三本書《百歲醫師教我的育兒寶典Q&A》附贈之DVD，亦有示範食物泥的做法，以及如何用電鍋製作食物泥。）

製作步驟

把雞胸肉和南瓜放進鍋子裡，加水蓋滿雞肉和南瓜，然後煮到水滾開，一直煮到雞肉熟透。關火前，把燕麥片和地瓜葉倒進鍋內，再煮一分鐘，接著關掉爐火，讓燕麥片繼續在鍋中膨脹一分鐘。接下來把整鍋食物倒進攪拌機中，加入四根香蕉。你可能得按攪拌機的功能，來判斷是否要多加一點水，讓攪拌過程更順利。

所有的食物都要打到非常細滑，不能有顆粒，寶寶不喜歡顆粒。你自己要先嚐嚐看，應該要非常好吃才對。這樣的嬰兒食品十分可口，以前，我當時四歲和兩歲的女兒有時也會搶著吃，像在吃布丁一樣。（註：我的攪拌機馬力很強，所以如果買有機南瓜，就會把南瓜連皮帶籽都一起打。如果你的攪拌機馬力很弱，就先把南瓜籽去掉。）

有些細心的讀者可能會把我列出的食材放在秤上秤重，然後告訴我某些食材的分量不是剛好幾匙，或是食材中少了水果。其實這套簡單的做法只是食物泥入門，目的是讓新手媽媽容易上手，之後媽媽們可以自行調整做法或增加其他水果。瑪蒂亞姑姑和我都努力遵行丹瑪醫師建議的各類食物比例，確保餐餐營養成分均衡，但我們不用料理秤，也不會太計較小細節。若要使用料理秤也無妨，不過瑪蒂亞姑姑和我的經驗是，各類食物的比例差不多就行了。

不同的做法與注意事項

- 利用水果和蔬菜來調味（蘿蔔、南瓜、綠色蔬菜……除了香蕉，熟木瓜和葡萄也很好），綠色葉菜要分開煮，免得煮太爛。
- 除非你的攪拌機馬力超強，如果你想加點較硬的水果，像蘋果或梨子，就要先蒸過或水煮過再一起放入攪拌機。
- 扁豆、黑眼豆、蛋和瘦肉都含有豐富的蛋白質。
- 地瓜可以提供天然的甜味，不過寶寶吃了比較容易脹氣。
- 雖然魚肉也含有豐富的蛋白質和魚油，但我不建議在這種嬰兒食品中用魚肉做主要的蛋白質來源，因為魚肉有特殊的味道，跟水果攪拌在一起不見得好吃。

- 如果有時間，熬骨頭高湯來取代清水當然更好。
- 可以投資一點錢買一台好的攪拌機。

丹瑪醫師所有的小病人（包括瑪蒂亞姑姑的十一個孩子）和我們家五個孩子，都吃這種嬰兒食品，而且吃得很健康。我們相信這樣的嬰兒食品，最能夠提供嬰兒均衡且必需的營養。這種嬰兒食物泥的顏色很有意思（加很多綠色葉菜時會變成深綠色，加甜菜根時會變成粉紅色）。我相信吃一大碗這樣的食物泥，絕對比吃一小碗稀飯要營養得多。

要避免使用鹹的食材，如果不確定食材中有沒有添加鹽分，就不要使用。一定要用新鮮的食材，烹煮和攪拌的過程不要太久，免得食物在室溫下容易變質。有些媽媽一次做一天的分量，瑪蒂亞姑姑的做法是，她那一餐煮什麼東西給家人吃，就取一些出來攪拌成泥給寶寶吃。我的做法是，一次煮好幾天的分量，攪拌成泥後，留下當天要用的分量，其他就立刻放進冷凍庫。每次我要餵寶寶時，就把食物加熱，然後摻入一些嬰兒米粉或麥粉，讓口感濃稠一點，比較容易餵食。有些媽媽一次做一週的分量，然後放在冰塊盒裡冷凍起來，需要時隨時可以取用，這樣就不用退冰，只要拿出那餐所需的分量，加熱到微溫就可以食用。你可以選擇對你比較方便的做法。

有一天早上在公園，一位朋友幫我餵一歲的寶寶吃綠色的嬰兒食物泥，有個老先生經過看到了，就問她裡面放些什麼材料，她說有蔬菜、雞肉、飯和水果。老先生覺得很營養，就說他回去也要做這種食物給他一百歲的母親吃。牙齒不好、不能好好咀嚼的人，我建議也可以吃這種「嬰兒食品」。我要再強調一次，一定要用攪拌機或食物調理機攪拌成泥，光把食物壓碎是不夠的。

丹瑪醫師教導，寶寶滿三個月後，就開始餵他吃這種食物泥。不過我常常因爲太忙或太累，都會等到寶寶四、五個月大時，才開始餵食物泥。我的寶寶到六個月大時，就曉得怎麼吞嚥，每次可以吃一小碗食物泥，一天三次。到了八個月大時，寶寶的胃口會大增，每餐可以吃掉滿滿兩飯碗的食物泥。我們家五個寶寶都很喜歡吃這種食物泥，很多人看到我們家的寶寶吃那麼多，都會嚇一大跳。當寶寶可以吃下很多嬰兒食物泥時，你就可以改成一天餵三餐，每五個半小時餵一次，先餵母奶，再餵食物泥。漸漸的，你的餵食時間表就會像這樣：

早上七點　先餵母奶，再餵食物泥（或先餵食物泥，再餵配方奶）

中午十二點半　先餵母奶，再餵食物泥（或先餵食物泥，再餵配方奶）

晚上六點　先餵母奶，再餵食物泥（或先餵食物泥，再餵配方奶），然後送寶寶上床（應該要睡到明天早上再起來）

寶寶五個月大時，可以開始用杯子裝水，給他喝幾小口，這時不需要再用奶瓶了（摘自《丹瑪醫師說》）。這需要練習，但寶寶可以從很小就學會用杯子喝水，或是用吸管喝水。

最好等寶寶的臼齒都長齊了，再讓他吃平常的食物，你自己可以試試看不用臼齒咀嚼是什麼感覺，沒有臼齒，食物就嚼不細。不過有些寶寶要到二十八個月大，臼齒才會長齊，在這段期間內一直都不給寶寶吃桌上的食物，實在不容易做到。當寶寶稍微懂事，發現他吃的東西跟家人吃的東西不一樣時，有時會吵著要吃桌上的食物。雖然他的嬰兒食品很好吃，但還是想跟大家吃一樣的東西。這時你可以在全家吃飯之前，先餵寶寶食物泥。要避免給寶寶吃餅乾之類的點心，因爲這會讓他更想吃桌上的食物（摘自《丹瑪醫師說》）。

丹瑪醫師建議，嬰兒應該在七個月時斷奶，我通常在寶寶十到十一個月大之間給她斷奶。到了該斷奶的時候，寶寶應該可以吃下很多食物泥了，而且會用杯子或吸管喝水。寶寶滿六個月後，母奶的營養成分會大大降低，這時寶寶應該從食物來攝取主要的營養。斷奶之後就不需要再給寶寶喝牛奶或配方奶，喝牛奶容易導致貧血，也會降低寶寶的食慾，讓他吃不下其他有營養的食物（摘自《丹瑪醫師說》）。我認識很多孩子都只喝牛奶，其他有營養的東西都不吃。

孩子到兩歲時，食慾會銳減，生長曲線變緩，食量會減少到原來的五分之一。小孩子在兩歲前的食量，遠超過接下來四年的食量。這樣的變化是正常的，只要繼續保持一天三餐的時間表，而且飲料方面只喝水就可以了。吃飯時吃點水果比喝果汁好，並且絕對不要吃點心（摘自《丹瑪醫師說》）。

餵食時間表

三個月內的寶寶（摘自《丹瑪醫師說》）

早上六點　餵奶
早上十點　餵奶
下午二點　餵奶
晚上六點　餵奶
晚上十點　餵奶

三到六個月的寶寶

繼續前列的餵食時間表，但在早上十點，下午兩點和六點這三餐，開始給寶寶吃點食物泥。

早上六點　餵奶
早上十點　先餵母奶，再餵食物泥（或先餵食物泥，再餵配方奶）
下午二點　先餵母奶，再餵食物泥（或先餵食物泥，再餵配方奶）
晚上六點　先餵母奶，再餵食物泥（或先餵食物泥，再餵配方奶）
晚上十點　餵奶

當寶寶吃下的食物泥分量夠多時，就可以開始下面這個一天三餐的時間表。繼續在三餐中餵奶和食物泥。

早上七點　先餵母奶，再餵食物泥（或先餵食物泥，再餵配方奶）
中午十二點半　先餵母奶，再餵食物泥（或先餵食物泥，再餵配方奶）
晚上六點　先餵母奶，再餵食物泥（或先餵食物泥，再餵配方奶）

餵飽第三餐後就準備送寶寶上床，寶寶晚上已經可以開始連續睡十二小時了。（沒錯，是十二個小時，我沒騙你！）

寶寶滿五個月之後，開始用杯子裝水給他喝。

七個月到二十四個月的寶寶

繼續一天三餐的時間表，準備給寶寶斷奶（斷奶後就不再喝任何奶）。

用湯匙教寶寶吃東西

寶寶一定會漸漸學會吃東西，要繼續努力教他。寶寶在學會吞嚥之前，你餵進去的東西，他大部分都會吐掉。曾經有個灰心的媽媽打電話向我求助，她說她試了很多次，但寶寶還是不曉得怎麼把嬰兒食物吞下去。我告訴她：「不值得這樣灰心沮喪，先暫停，給自己休息幾天，也許一個禮拜後再重新試試看。」在寶寶學習吞嚥的期間，你可以注意一下時鐘，一次只試五分鐘。試了五分鐘後，就把東西收拾乾淨，把沒吃完的扔掉，然後餵完剩下的奶。

當寶寶餓得尖叫哭鬧

有些寶寶在學習吞嚥嬰兒食品期間，可能會因爲肚子餓或者不會吞嚥而尖叫哭鬧。在這種情況下，我建議先餵寶寶吃點奶，但是不要餵太多（大約是平常吃奶量的四分之一到二分之一），稍微塡一下肚子就好，然後再餵嬰兒食物，最後餵完剩下的奶。

教寶寶用手語表達

教寶寶手語是一件很有用的事，只要有恆心地教，寶寶就能夠在學會說話之前用手語來溝通。我們家的寶寶還小時，會用尖叫來表示還要再吃，我們會不厭其煩，一再反覆地對她們說：「不要尖叫，你要說『還要』。」然後我們就會握住她的手，幫助她做這個表示「還要」的動作（見下圖）。結果這個做法很有用！後來寶寶還想再吃時，就不用尖叫或哭鬧來表示了，而是

表示「還要」的手語（Lillian Haung／繪）

用手勢來表示還要再吃。偶爾她會用哭鬧來表示還要，我們就再提醒她要用動作來表示，而不是哭聲。我們家五個孩子都在學會說話之前，就懂得使用這個「還要」的動作。（如果你覺得這還不夠，可以教其他的手語，比如「謝謝」等等。請參考下圖或《百歲醫師教我的育兒寶典Q＆A》隨書附贈之DVD示範，亦可設計自己的手語。）

表示「謝謝」的手語（Lillian Haung ／繪）

外出旅行時要怎麼攜帶食物泥

我承認，外出時餵食物泥眞的很不方便。

從很久以前我就有個夢想，把丹瑪醫師的嬰兒食物泥變成可攜帶的方便包。經過十八個月，我成立了一家公司，終於夢想成眞，此產品稱爲「貝比福」（babyfood），它有另一層義意爲Baby的福氣。

若想要瞭解貝比福的資訊，請連結此網站參考：

http://www.taiwanbaby.com

第六章

營養與較大孩子的飲食

關於營養

丹瑪醫師直到一百多歲時，身體仍然硬朗。她以自己的身體健康教人不得不相信，她確實了解嬰兒眞正的需要。比起那些每隔幾年或甚至每隔幾個月就改變建議的營養專家，她多年來的健康更能證明她的看法正確。丹瑪醫師強調飲食要簡單均衡，生活習慣要合乎常理。

蛋白質

我們家每一餐都很強調蛋白質的攝取，每餐都應該有富含蛋白質的食物，最佳的蛋白質來源是瘦肉、蛋和黑眼豆。所有的豆莢類都含有蛋白質，但黑眼豆的蛋白質最佳。瘦的紅肉對身體很好，因爲富含鐵質。營養攝取均衡的人一天吃二至三個蛋不會有害，孩童早餐吃兩個蛋沒什麼關係。不喜歡蛋的人，可以煎法國吐司，或是在煮燕麥片時加個蛋花，就比較吃不到蛋味。不要小孩想吃什麼，就給他吃什麼，發揮一點創意來鼓勵孩子吃營養健康的食物。

想想看你的孩子都吃些什麼東西，台式早餐或麵食的蛋白質成分通常不多，在外用餐時可以動動腦筋，儘量多吃些蛋白質（可以加個蛋，或是點魚肉、雞肉等等）。

丹瑪醫師說

一次大戰期間，有人針對豆莢類食物和其他的肉類替代品做過研究，結果發現黑眼豆（注）的蛋白質最豐富。吃花生醬也可以，反正聊勝於無，但還有蛋白質成分更豐富的食物可以選擇。如果你這一餐攝取了豐富的蛋白質，就會等到下次用餐時間到了才感到飢餓。可是如果你吃了澱粉質含量豐富的一餐，卻沒有蛋白質成分，胰島素就會升高。如果早餐只吃塊麵包（或饅頭），喝杯柳橙汁，兩個小時後就會有血糖過低的現象。

如果你模仿小孩子整天的活動，他怎麼做你就跟著做，你的體內會燃燒掉許多膽固醇。我不覺得吃蛋有什麼害處，蛋就是雞嘛，我每天早上都吃一個蛋，這個習慣已經維持了一百年。一天吃一個蛋不會有什麼害處。

吃蛋本身沒什麼不好，但有些人的做法就是太極端。某天有個小男孩來診所，十二歲，體重一百零二公斤。我量他的血壓，發現血壓值分別是兩百和一百，他的身體就像個老人家的身體。我詢問他的飲食情形，他說他早餐都吃一打蛋和一整條吐司。上帝在地上所造的東西都是好的，可是連好東西都可能被人用極端的方式誤用，連水這樣的東西……喝太多水也會死人的。

紅肉沒什麼不好，紅肉有豐富的鐵質，這是我們身體必需的。

（注）黑眼豆：台灣俗稱「米豆」或「眉毛豆」。一家米店的老闆說，他賣了很多不同種類的豆子，覺得米豆是最好吃的。可以煮排骨湯，在市場就可找到。但要注意豆類容易刺激消化系統，爲了避免孩子一整天拚命往廁所跑，最好視狀況酌量讓孩子食用。

澱粉

每一餐都應該攝取澱粉質，像全穀類和馬鈴薯。

蔬菜

午餐和晚餐都應該給孩子吃蔬菜，尤其是富含鐵質的綠色葉菜。

如果孩子不喜歡吃蔬菜，我有時會這樣做：第一，我不會讓他們在兩餐之間吃點心（不能喝牛奶、果汁，也不能吃麵包、餅乾，只能喝水）。我會鼓勵他們盡情地玩，多活動一下。我相信每一個孩子只要盡情地玩，多多活動，而且不吃點心，到了快吃飯的時候，一定會飢腸轆轆。這時我會先在桌上擺一大盤綠色蔬菜（煮熟的四季豆、雪豆、蘆筍、青花菜或生黃瓜片、生胡蘿蔔條、番茄等等）給他們大嚼一番，再一邊煮午飯或晚飯。等全家坐下來準備吃晚飯時，有時這一大盤蔬菜幾乎已經見底了。

全家一起看影片的時候，我也會準備一些蔬菜點心，來取代洋芋片和爆米花。像四季豆、雪豆和黃瓜片都是很好的蔬菜點心，不但好握，嚼起來也是清脆有聲。

水果

其實水果中所含的營養並沒有那麼重要，這跟一般人所想的相反。柑橘類水果的營養價值往往被誇大了。如果家中購買食物的預算有限，光買一些當季的便宜水果就已經足夠了（摘自《丹瑪醫師說》）。

丹瑪醫師說

很多人去買菜時，都特別注意要買柳橙、葡萄等水果，其實把錢拿來買好的蔬菜、瘦肉和全穀類澱粉食物，是更好的選擇。大家都太重視水果了，水果是很不錯，但還有一些食物是我們更需要的。

甜食

蜂蜜比糖要好得多。只要少量攝取，吃糖對一般的孩子沒有害處。一個禮拜只吃一、兩次甜點不會有害，但孩子不應該期待天天有甜點吃，也絕對不要在兩餐之間吃。不過有些小孩子（和大人）如果吃太多甜的東西，就會有過動的現象、容易哭鬧、易怒、情緒失控，所以要注意一下。

丹瑪醫師說

所有的東西都是好的，是人把它變壞的。糖沒什麼不好，除非是吃太多。我年輕的時候喜歡吃糖，三十五歲就開始出現關節炎的症狀，關節疼痛，髖關節也疼痛。五十歲的時候，我決定不再吃糖，直到今天，我的手仍像十六歲少女的手那麼靈活。我彎腰的時候，可以不彎膝蓋就碰到地板。

我實在太驚訝了，一百歲的老太太竟然能夠不彎膝蓋就碰到地板。

丹瑪醫師說

飲料

只喝水，其他飲料都不要喝，而且渴了才喝。很多人說一天需要喝八大杯水，我不覺得有這個必要，其實喝太多水也可能對身體有害。血液稀釋過度，導致電解質不足，心臟就會無力。我們家以前常在後院放一只水桶，誰渴了就去舀水來喝。每個人需要的水量都不一樣。

除了水以外，我不會給孩童喝別的飲料。不久前有個小男孩來診所，他看起來精神不濟，健康狀況不佳的樣子。我檢驗他的尿液，發現尿中的含糖量驚人。我問他的母親：「他身體裡面怎麼會有那麼多糖？」

她說：「我們家根本就沒有糖。」她是那種很注重健康的人。

「他平常都喝什麼？」

「蘋果汁，是我自己打的。」

「你怎麼處理蘋果渣？」

「拿來做堆肥。」

我計算了一下，這個孩子每天吃進兩百二十公克的糖，他的視力一定已經完了。

「可是那是天然的糖分啊！」他的母親說。

有什麼糖不是天然的？從甘蔗萃取的糖是天然的，地上的一切都是天然的！她把蘋果裡面的膠質、纖維素和蛋白質全都扔掉了，這個孩子只吃進糖分和水分而已。

很多人不曉得孩童根本不需要喝果汁。為什麼不買蘋果，卻要買蘋果汁呢？為什麼不買柳橙或胡蘿蔔，把所有的營養都吃進去呢？

乳製品

美國人吃太多乳製品了。在正餐中，乳製品只是陪襯，不能喧賓奪主。起司不是好的肉類替代品，優格也好不到哪裡去，喝牛奶容易導致貧血。如果只是偶爾在焗烤的菜餚上撒點起司，在生日派對上吃點冰淇淋，或在白醬裡加點牛奶，這倒沒什麼大礙，可是要注意別太常吃乳製品。如果孩子對乳製品過敏，即使食物裡面只加了少量的乳製品，都可能危害到他的健康（摘自《丹瑪醫師說》）。

丹瑪醫師說

我的理論是，攝取太多鈣質會阻礙鐵質的吸收，有關貧血的研究很多。我們知道有個做法會導致小牛貧血，就是斷奶後還一直給牠們喝奶，小牛肉就是這樣來的。但牠們並不是只喝奶，不吃別的。我們發現，餵狗的時候，如果在平常牠吃的狗食之外，再加上一品脫（五百六十八西西）的牛奶，短短一個月內，狗的血紅素值會減少百分之十。我相信這跟吸收有關。

一片約八平方公分的起司，相當於一杯牛奶。一個披薩裡面含有一大塊起司。乳製品是我們醫生的搖錢樹，常吃披薩會讓冠狀動脈出問題，結果獲利的是心臟科醫師和外科醫師。常吃乳製品會導致小孩貧血，結果獲利的是小兒科醫師。正因為這世上有愚蠢的人，有錢人才會更有錢。

七十幾年前大家才開始買外面賣的整條吐司，當時很流行吃牛奶吐司，就是拿一大片吐司，塗上奶油，再把吐司烤一烤。他們會在吐司上面撒糖，然後澆上牛奶，可能還加點香草或檸檬。結果很多常吃這種吐司的人，開始拉肚子，漸漸有貧血的現象，行為開始變得怪異起來，有些人還被送進精神病院，原來是得了糙皮病（pellagra）。

阿拉巴馬州一位醫生開始給他的糙皮病病人喝用高麗菜熬出來的高湯，結果很有效。我們發現，良好營養中不可或缺的維他命B，正是牛奶吐司中所缺乏的。

有一天傍晚，一個母親帶孩子來診所，這個孩子已經拉肚子拉了好幾個禮拜，嘴角破皮流血，血紅素數值只有五，她沒在睡眠中死掉真是奇蹟。我還沒檢查完畢，就直接把這個孩子送到醫院輸血。這個孩子患了嚴重的糙皮病，她的母親告訴我，她只吃起司和白吐司。

如果我的孩子只想吃這些東西，我不會跟他說不能吃，我會說：「家裡沒有白吐司，也沒有起司。」到了吃飯時間，就把營養健康的食物端上桌，什麼也不用說。這一招屢試不爽。

鈣質

大家都太強調要攝取鈣質。骨質疏鬆症是因爲缺乏維他命D，沒有維他命D，身體就無法利用鈣質，並且加以吸收。想攝取維他命D，就要曬太陽、吃肉、蔬菜和鱈魚（摘自《丹瑪醫師說》）。

不要給孩子吃點心

很多父母會抱怨孩子不吃飯。根據我的觀察，在正餐時間食慾不振的孩子，平常大多一直在吃零食或喝飲料，結果就影響到食慾。這種問題通常不是孩子的錯，很多父母或祖父母覺得孩子正餐吃得不夠，就會在兩餐中間給他們喝牛奶，或是給他們吃優格或點心。沒錯，連一杯看似無害的牛奶、果汁或優格，都會影響到孩子吃正餐的食慾。

在兩餐之間吃點心的孩子，容易貧血，也很可憐。因為他們的胃一直都沒有機會空下來，所以常常覺得餓，但是又不至於餓到可以吃下一頓正餐。

早餐很重要，一定要吃得營養

有很多媽媽告訴我，他們家從來不吃早餐。我很難想像孩子早上起來不跟爸爸媽媽吃個早餐就去上學。早餐是一天當中最重要的一餐。

不管你做什麼，早上都要給孩子吃點含有蛋白質成分的早餐。我很難想像有那麼多孩子，早上只吃塊蛋糕或吃個饅頭，再配上一杯果汁或牛奶而已。美式的兒童早餐麥片裡添加了許多糖，也好不到哪裡去。這種沒有營養的早餐，只會造成人體裡面的糖分不平衡而已。

我們家的孩子每天早上都吃蛋，還有燕麥片或是吐司加花生醬。有時候會吃前一天晚上吃剩的鮪魚沙拉或雞肉。她們的早餐大多比午餐要豐盛得多。

丹瑪醫師說

有一次我去參加一個醫學會議，跟一個年輕的小兒科醫師閒聊時，我說小兒科醫師最重要的職責是，教那些做母親的，好好照顧孩子的生活起居和飲食。我強調，教母親好好照顧孩子的健康，比光開藥要好多了。

這個年輕醫生聽了，竟然攤開雙手回答說：「教這個又不能賺錢！」

如果是這樣，也許帶小孩去看獸醫還比較好，獸醫都很重視「病人」的營養，也很清楚食物是最重要的一環。

以營養爲考量

一個忙碌的媽媽在做飯時，應該把重點放在簡單和營養這兩方面。爲了省時間和體力，我常會一次煮很多，可以吃兩頓。你不需要每天晚上都煮大餐，常吃同樣的簡單菜餚沒什麼不好。

不需要問孩子想吃什麼或不想吃什麼。如果孩子不吃我準備的食物，我就包起來，放在冰箱，然後讓他們下飯桌去玩。等下次吃飯的時間到了，我就從冰箱拿出那些包起來的剩菜給他們吃。

丹瑪醫師說

絕對不要跟你的先生說：「不用給小琪豆子，她不會吃的。」如果你在孩子面前說這種話，從此她一定不會再吃那樣東西。

不要強迫，也不要嘮叨，儘量不要把話題繞著食物打轉，也儘量不要在吃的方面給孩子壓力。只要把好吃又營養的食物端上桌，謝謝上帝，謝謝做飯的人，然後就可以開動，談一些開心的話題。

丹瑪醫師說

孩子到了兩歲時，生長曲線幾乎呈現水平。過去兩年來體重增加了十三公斤，但接下來整整一年卻只增加一．三公斤。過去兩年來身高增加了八十公分，但接下來整整一年卻只增高了八公分，也許還更少。他不再需要吃那麼多，他需要的食物不會超過一歲時食量的五分之一。所以他其實不是很餓，如果你強迫他吃，他可以堅持不吃，這對他來說不是件難事。

所以不要擔心孩子的食量，應該注意的是他吃了些什麼。吃飯要抱著愉快的態度，不管孩子吃多少，都絕口不要提食物的事。在下次吃飯的時間還沒到時，不要給孩子食物或飲料，只能喝水。如果你發現孩子只吃馬鈴薯，其他的東西都沒碰，也不用小題大作，暫時不要煮馬鈴薯就是了。

喝牛奶導致貧血

最近我剛讀到「美國家庭醫生學會」（American Academy of Family Physicians）刊出的幾篇文章，這是美國很大的一個全國性醫學機構，代表了九萬四千多個家庭醫師。

他們明白指出，牛奶是導致缺鐵性貧血的最大殺手，又說，如果要預防嬰幼兒罹患缺鐵性貧血，其中一個方法是完全不喝牛奶，而且飲食要多樣化。這些是近年來才發表的報告。經過了這麼多年，醫學界才終於肯定丹瑪醫生多年來所堅持的看法。

我所認識的台灣兒童，大多繼續天天拿牛奶當主食，我覺得很多孩子看起來虛弱又蒼白。貧血是一種很嚴重的情況，會對孩子造成長期的影響。缺鐵性貧血對嬰兒的心智、肌肉和行爲的發展，有很明顯的負面影響。更糟的是，即使貧血的情況得以矯正，這些負面的影響仍會持續很久。你可以自己去查一下研究資料，或看看這兩個網站：

http://familydoctor.org/751.xml

http://www.aafp.crg/afp/20021001/1217..html

第七章

給父母的一些建議

要吮手指還是吸奶嘴？

不要給寶寶吸奶嘴，吮手指比吸奶嘴好多了。台灣有很多人以爲讓寶寶吮拇指不好，其實只要常常幫寶寶洗手，吮拇指沒什麼不好，這只是寶寶安慰自己的一個方式，很自然。當寶寶到了一個新環境，會吮拇指來安慰自己，而不是用哭鬧來表達不安。我們家寶寶想睡覺時，會吮拇指，而不是哭鬧。難道你寧願孩子哭鬧而不要他吮拇指嗎？

別用奶瓶裝水來安慰寶寶，如果昏昏欲睡的寶寶一直喝水，而你一直加水，有可能因爲喝太多水，導致體內電解質稀釋過度（摘自《丹瑪醫師說》）。

丹瑪醫師說

奶嘴是很髒的東西，奶嘴接觸過的地方，你絕對不會把牙刷放在那裡，然後又拿來刷寶寶的牙齒。住家裡面有許多細菌和黴菌。奶嘴真的很髒，不過讓孩子吸奶嘴倒有助於提振經濟，而且醫生也需要有生意上門。

尿布疹

輕微的尿布疹看起來有點紅，比較嚴重的尿布疹則很紅，有小顆粒，甚至可能起一些像燙傷般的水泡。尿布疹最常見的原因是服用抗生素、尿液呈鹼性（通常是因爲喝果汁）或是過敏反應（摘自《丹瑪醫師說》）。

不要給寶寶喝果汁，寶寶的衣服和被子的質料一定要用全棉，不要摻有聚酯纖維等合成材質。如果你是用紙尿布，可能需要換個比較透氣的牌子。尿布的品質參差不齊，而且很可能是一分錢一分貨。購買時要注意，連像國際知名品牌的尿布，也有不同等級的價格，例如，幫寶適的超薄乾爽尿布和特級棉柔尿布，在透氣性上就有很大的差別。另外要注意別給寶寶穿太多衣服，體溫過高和不透氣也會助長黴菌的生長。

瑪蒂亞姑姑說，嚴重的尿布疹表示有黴菌感染，要儘量讓感染的部位保持乾燥，每天擦三次抗黴菌藥粉（Mycostatin）。如果破皮或起水泡，除了用抗黴菌藥粉，還要用「使立復乳膏」（Silvadene cream），一天三次，先擦乳膏，再撒藥粉。

長牙

一般人對「長牙」常有錯誤的觀念，很多人以爲嬰兒長牙時會不舒服，甚至發燒。在兩代以前的人，甚至會切開嬰兒的牙齦，減輕長牙時的疼痛。

丹瑪醫師說

其實受精後五個月，胎兒就會開始長牙，直到十八歲才會完全長好，整個過程不會出現什麼症狀。

丹瑪醫師的小病人，包括我們的孩子，從未遇過長牙的問題。但有些母親告訴我，她們的孩子長牙時問題多多，這些母親都是採用「一哭就餵奶」的方式。聽了幾個恐怖的例子之後，我漸漸地相信，這些寶寶長牙時所遇到的問題，其實跟長牙無關，而是因爲一哭就吃奶的寶寶很容易吃奶吃到睡著，口裡含著奶沒吞下去，結果就造成了蛀牙。我認識幾個一哭就吃奶的寶寶，必須被麻醉才能夠讓牙醫治療嚴重的蛀牙！這些寶寶常常會吃奶吃到睡著。

我們大人不可能口裡含著食物睡覺，卻讓寶寶口裡含著奶睡覺。寶寶也需要建立良好的口腔衛生習慣。幫助寶寶在飲食和睡眠方面建立一套良好的作息，你和寶寶就可以免受其苦。

地毯

不要把寶寶放在地毯上，地毯上容易附著細菌，藏有許多過敏原，可能會讓寶寶鼻塞或耳朵發炎（摘自《丹瑪醫師說》）。

醫孩子，不要醫症狀

有一句小兒科醫師的忠告眞是講得對極了：醫孩子，不要醫症狀。意思是說，如果孩子病了，但看起來很滿足，也玩得很高興，很可能不是什麼大毛病。有個美國小兒科醫師曾經告訴我：「重點不是看孩子發燒到幾度。比如說，有些孩子發高燒到攝氏四十度左右，但他們來看我的時候，還會活潑地跟我打招呼。他們雖然發著高燒，神智卻很清楚，表現正常。可是有些孩子只是輕微發燒而已，卻全身無力，這時我就知道問題嚴重。」所以不但要留意孩子的症狀，也要觀察他的行爲。如果表現正常，很可能沒什麼大礙。如果表現不尋常，就要立刻帶他去看醫生。

第八章

意見交流 Q & A

我常常與朋友交換育兒心得，獲益良多。在此與大家分享這些寶貴的經驗，並祝每個家庭都能有甜蜜的親子生活。

奐均

Q：親愛的奐均，我實在很難相信你們家五個女兒在六週大時，就能夠一覺睡到天明！我們的兒子現在已經十一週大了，還是沒辦法一覺到天明……他出生後，我們採用一套有彈性的作息時間表，差不多每三個小時餵一次奶。除了不能一覺到天明，他還一定要我們抱著搖一搖才肯睡覺。他也經常在睡著二十分鐘後又醒來，一直哭（白天和晚上都會），希望我們抱他起來搖一搖，幫助他再度入睡。

A：就讓寶寶哭吧，別再抱他起來搖他入睡，你的寶寶已經養成了哭的習慣。因爲他是在你的懷裡被搖著入睡的，所以當他發現自己躺在床上時，就會很驚訝，很生氣。如果你希望他打破這個習慣，就必須任由他哭，別再去理他了。如果你堅持一貫的做法，他很快就會明白，上床時間一到就得睡覺，沒有商量的餘地。

Q：我們把寶寶放下來睡覺後，如果寶寶哭了，我們通常會等五分鐘再去抱他起來。如果等了六分鐘，他就會很生氣。我們把他抱起來後，會搖他入睡。這樣做了三天之後，他每次哭還是一樣大聲、一樣久。聽到他哭得那麼厲害，我們眞的很不忍心。

A：你們的寶寶哭得厲害是因爲他很生氣，而不是因爲他有什麼眞正的需要。如果你們已經餵他吃過奶、幫他拍背打嗝、換過尿布，他的需要就都得到滿足了。他現在需要的是，學習自己入睡。哭五、六分鐘只夠他暖身準備大發脾氣，如果他每次發脾氣你們就立刻去安慰他，他就會繼續像這樣發脾氣，畢竟他已經學會用發脾氣來得到他想要的。

以你們的情況，我的建議是——放輕鬆，別去抱寶寶，等下次餵奶時間到時再抱他起來。如果你們這樣做個幾天，寶寶上床睡覺時就不會再哭鬧不停了。我們家的寶寶上床後，都哭鬧不到一分鐘就停了。

Q：讓寶寶這樣一直哭有沒有什麼不良的副作用？我從不同的地方聽到很多警告說，這會破壞孩子的自我價值（覺得不被父母重視），會傷害到孩子的心靈，也會害他們不再信任不理會他們的父母。

A：你可以去問問那些按照丹瑪醫師的方法或《從零歲開始》的方法被帶大的孩子，問他們有沒有因爲父母任由他們哭，就害他們失去自我價值？根據我的觀察，按照丹瑪醫師的方法被帶大的孩子，比較滿足，也比較有安全感。其實有很多父母剛開始的時候，是採用一哭就餵奶的方式來帶孩子，但後來改用按時間表餵奶和睡覺的方式來帶之後的孩子，他們都見證兩者有如天壤之別。每次哭鬧就得到注意的寶寶，會變得需索無度，不容易滿足，不討人喜歡。而那些無法用哭鬧得到注意的孩子，反而很快樂，容易滿足，討人喜歡，也比較能夠信任父母。我覺得這個現象很有道理。

Q：我聽說不要讓寶寶在白天睡太多，晚上才會比較好睡。可是寶寶白天如果很睏，實在很難一直讓他保持清醒。

A：主要的原則不是減少寶寶白天睡覺的時間，我們家的寶寶在白天睡很多，晚上也都一覺到天明。主要的原則如下：

一、每四小時餵一次奶，時間一到，就叫醒寶寶起來吃奶。這是要建立他的新陳代謝系統，讓他學習在適當的時間感到飢餓。

二、不要讓寶寶吃奶吃到睡著。每次餵完奶後，跟寶寶玩個五到二十分鐘，儘量讓寶寶保持清醒。

第二個原則很重要，原因有幾個：第一，我不希望寶寶養成睡前需要吃奶的習慣。第二，如果一吃完奶就睡覺，寶寶其實還沒有很累，這樣下次餵奶時間還沒到，他就會提早醒來，並且覺得有點餓，有點累。半飢餓、半疲倦狀態的寶寶，一定會哭鬧不休，而且這時很難讓他把奶吃完，因爲他還不到完全飢餓的地步。

我只有在晚上十點最後一次餵奶後，才會讓寶寶吃完奶就上床睡覺，因爲寶寶經過一整天的活動，這時已經很累了。

Q：有個同事教我一個方法，我想知道你的看法。她說當寶寶開始想睡有點哭鬧時，可以抱著他走來走去十分鐘，然後在寶寶還沒閉上眼睛睡著之前，就把他放到床上睡覺。這時寶寶還沒睡著，不過因爲被抱著走來走去，所以開始有點昏昏欲睡，變得很安靜。寶寶會在嬰兒床裡磨蹭個幾分鐘，然後就會自己入睡！我同事說這個方法到最後也可以教寶寶學會自己入睡。

A：我不喜歡這個方法的一個原因是，這很可能會變成一個習慣。也就是說，寶寶每次都需要有人抱他走來走去十分鐘才肯睡覺。你願意一直配合這個習慣嗎？我們家從來不需要這麼做。當寶寶累了時，我們會檢查一下尿布，給她一個不超過一分鐘的緊緊擁抱，然後把她放到床上睡覺。我前面說過，我們的寶寶大多會立刻睡覺，或者哭不到一分鐘就睡覺。如果你把寶寶放上床後，寶寶開始哭鬧，先等他哭十五分鐘後再去看他。去看寶寶的時候，檢查一下尿布，幫他拍背打嗝，給他一個不超過一分鐘的緊緊擁抱，然後再度送他上床睡覺。

如果你經常搖著寶寶入睡、唱歌給寶寶聽或一直抱著寶寶，而且每次都是滿懷愛心去做，就不會對寶寶有什麼害處。可是問題就出在很多父母樂意為寶寶開始這個習慣，但是當他們累了或者想做別的事時，寶寶如果一定要人搖他、抱他或唱歌給他聽，他們就會很生氣，不願意繼續維持寶寶愛上的這個習慣。當孩子發現父母不見得可以信賴時，心靈就會受傷。

如果是我們自己開始這個習慣，那麼當孩子要求我們繼續維持這個習慣時，我們就不能夠生氣。父母若想培養出一個快樂、有安全感的孩子，就應該在家裡的每面牆上都大大寫著「一致」這兩個字。

Q：我常讓寶寶趴睡，不過都是在白天我看得到的時候，晚上我就不敢讓他趴睡了。我發現寶寶趴睡時會睡得比較久、比較安詳（也就是說，不會中途醒來）。可是我先生是個醫生，他說：「有很多狀況已經證實彼此間互有因果關係，但爲什麼會這樣卻不得而知。」他認爲只要可能導致不幸的結果，就不該冒險。

A：你對趴睡的觀察很正確，寶寶趴睡時確實會睡得比較好，比較有安全感，比較不容易受傷，也比較容易活動。丹瑪醫師比喻說，仰睡的寶寶就像一隻四腳朝天的蜘蛛！我們有很多人深信嬰兒猝死症不是趴睡導致的，但我們不是要說服你相信什麼，你和你的先生不管做什麼，都不能違背你們的良心所相信的事，你在這方面也應該照先生的要求去做。不過我覺得很可惜，很多人因為害怕，就不敢讓寶寶趴睡，但他們照醫生的建議讓寶寶仰睡之後，反而讓寶寶不舒服、害怕或睡不好。

Q：我們目前住的地方只有一間臥房，所以寶寶跟我們睡一間。只要寶寶醒來哭了，我們跟他只有一公尺的距離，所以實在很難不理會寶寶的哭聲。有時我早上醒來，竟發現寶寶趴在我的胸前睡著了，我根本就不記得自己何時把他抱起來！

A：像你們這種情形，應該讓寶寶睡在客廳，尤其是晚上。只要不睡在同一個房間，就很有幫助，可以讓你們夫妻好好睡一覺（這樣就不會聽到嬰兒發出的一些小聲音，有些嬰兒睡覺時還滿吵的呢！）可以買一個比較好的遊戲床給寶寶睡，很多遊戲床都附有新生兒用的提籃。我們試過在地板上給寶寶鋪個小床，或甚至讓寶寶睡在大衣櫥裡面！有些人覺得我們太殘忍了，竟然讓寶寶睡在衣櫥裡，可是像衣櫥這樣的小空間會給寶寶安全感，而且冬天時比較溫暖。當然我們會稍微打開衣櫥的門，這樣比較通風。如果你不想在半夜兩點起來餵奶，而且想訓練寶寶一覺到天明，最好不要讓寶寶跟你們睡在同一個房間裡。

Q：每次我們出門，不管是坐車或是讓寶寶坐在嬰兒車裡，寶寶都會睡著。寶寶每次感受到車子或嬰兒車的震動時，都會睡著，實在無法保持清醒。所以如果我們出門買東西，在外面待了三個小時，寶寶通常會一路睡覺，這樣就打亂了他的睡眠時間表。你覺得在這種情況下應該怎麼辦？

A：要記住，作息時間表是爲了維護你們家庭生活的安寧和秩序而設計的，是作息時間表在服侍你們，不是你們在服侍這個作息時間表，不要做時間表的奴隸。如果覺得照這個作息時間表去做，會讓你們的生活更有壓力，而不是更安寧，就要退一步重新評估一下這個情況。

如果你享受安安靜靜地坐在車裡，或是享受跟先生一起開開心心去逛街，就讓寶寶睡吧！偶爾看一下錶，如果餵奶時間快到了，而且有一個方便餵奶的地方，就可以把寶寶叫醒來餵奶，餵完奶後再繼續逛街。作息時間表被打亂時，不用擔心，第二天再重來就好了。

Q：你說等個十分鐘、十五分鐘或二十分鐘再去看寶寶，你的意思是說，把寶寶從嬰兒床上抱起來，然後哄他入睡嗎？

A：我不是這個意思，我不會哄我們的寶寶入睡。如果寶寶在半夜兩點哭了，而上次吃奶時間是晚上十點，我就會先照原訂計畫等一段時間，再去抱寶寶起來，餵他吃奶，幫他拍背打嗝，換尿布，然後再把寶寶放回床上睡覺。

Q：我四個月大的寶寶一直學不會吞食物泥，我覺得挫折感很大。

A：無論如何，千萬別讓自己有挫折感，沒有什麼事值得讓自己感到這麼挫折。暫時不要再餵寶寶食物泥，給自己休息一兩個禮拜。

丹瑪醫師強調要在寶寶三個月大時，開始餵食物泥。我自己是覺得可以有點彈性，在三個月到六個月之間開始餵食物泥就可以了。如果你的寶寶常常肚子餓，那麼餵奶之後，就要開始餵他吃點食物泥了。如果寶寶光喝奶就很滿足，而你也覺得弄食物泥很麻煩，那你可以等一陣子再開始。請記住，關鍵在於寶寶的反應，如果寶寶很滿足，長得很好，就不要給自己那麼大的壓力。

Q：我們的寶寶每天半夜兩點都要吃奶，我們想直接省略這個時間的餵奶，你覺得可能嗎？

A：如果你白天都一直照著時間表餵奶，當然有可能。

第九章

結語：孩子是上帝的祝福

重拾育兒樂

婚後第一次懷孕時，我就跟其他的新手媽媽一樣，開始閱讀一些育兒書籍。坊間有許多育兒書籍，但有一種媽媽介紹的育兒書籍會特別引起我的注意，就是那些氣定神閒、把家中整理得井井有條的媽媽。她們有什麼祕訣呢？當我讀到丹瑪醫師的教導，以及《從零歲開始》所教導的實用方法，我才明白為什麼這些媽媽會那麼快樂，氣定神閒，而她們的寶寶那麼健康又滿足。這些都是基本常識，我很高興可以學到這些實用的原則，而不是盲從現代醫學界一窩蜂的看法。正如朋友們對我們說的：「假如當初不認識你們，我們恐怕還在按照一哭就餵奶的方式，一天到晚怨天尤人！」

前幾天，我瀏覽了一本目前在美國十分暢銷的育兒書，由兩位作者合著，一位是「育兒專家」，另一位是哈佛名校出身的小兒科醫師。果然不出我所料，作者鼓勵父母讓寶寶仰睡，也鼓勵用一哭就餵奶的方式。接下來有人問了一個問題，他們的回答讓我看了忍不住搖頭。

那個問題是：「我的朋友說他們的寶寶才四週大，就能夠一覺睡到天明！這太不公平了！怎麼可能呢？」

這兩位「專家」說：「你的朋友在說謊，要不然不久就會證明他們錯了，他們的寶寶很快就會恢復到正常的睡眠模式（即半夜醒來）。聲稱寶寶可以一覺到天明的荒誕說法還有一個解釋——爸爸。當我們聽到新生兒可以神奇地一覺到天明時，其實通常都是驕傲的新手爸爸說的。睡著的當然不是寶寶，而是爸爸，媽媽半夜還是得起來好幾次呢！」

接著其中一位作者又說：「我有個六歲的孩子，他常常半夜醒來，並且把爸爸媽媽叫醒，說他要上廁所。『一覺到天明』是個不切實際的想法，沒有孩子的夫妻才會這樣想。」

看到這樣的回答，我輕嘆一口氣。這兩位作者在全世界最好的學府受教育，又被衆人奉爲「育兒專家」。人有可能博學多聞，卻缺乏智慧或常識。實在可惜，美國暢銷的育兒書竟然告訴所有的父母，想訓練寶寶一覺到天明是錯誤的想法，他們竟然說這是個「荒誕的說法」。他們的看法無法爲家庭帶來秩序與安寧，無法幫助父母輕鬆一些，也無法幫助父母渴望再生，反而在無形中鼓勵夫妻不要生孩子。讀了這本書的人，會繼續面帶倦容。

我寫本書最大的目的是要告訴大家，訓練寶寶一覺到天明不是什麼不切實際的想法，只要按照本書所提出的原則去做，每個人都辦得到。我眞希望可以邀請那些不相信的人來我們家住一個禮拜，親眼看看我們家五個孩子都是一覺到天明，這是事實。

孩子是從上帝而來的祝福，可惜今天有許多人無法體會這是個祝福。之前我和瑪蒂亞姑姑通電話時，兩個人都一直說帶新生兒的感覺眞好。我衷心盼望這本書可以幫助許多人體驗到養兒育女的喜悅。

一路走來的育兒路

婚後還來不及慶祝結婚一週年紀念日，我就發現自己懷孕了。結婚一週年紀念日那天，我是在床上度過，因爲害喜吐個不停，整天噁心反胃。回想那天，唯一讓我快樂的一件事，就是先生送我一張溫馨的卡片和一束漂亮的花。害喜很像得了腸胃炎，但腸胃炎一兩天就會好，害喜卻要持續十二個禮拜。那段害喜的日子實在很痛苦。

我們的老大是在美國南方一個寧靜的小鄉鎮出生，我們在那裡固定參加一間教會，教會裡的婦女大多是有孩子的家庭主婦。聽到我懷孕，大家都為我們感到興奮極了，幫我們辦一個盛大的派對，還為我們禱告。其實我們夫妻倆有時會覺得怪怪的，因為我們心裡不像大家那麼興奮，就是沒什麼感覺。快要有個孩子的感覺很不眞實，我們很難想像有孩子的生活是什麼樣子。不過我們雖然沒有太多感覺，卻有信心。我們知道孩子是個祝福，我們相信時候一到，就會知道怎麼愛這個孩子。

果然沒錯！孩子出生後沒幾天，我們心裡就塡滿了愛，這愛是從進產房後，開始一點一滴累積出來的。女兒出生後，護士一面幫她清洗，她一面扯開喉嚨放聲大哭。爸爸走過去，開始輕聲跟她說話，她一聽到爸爸的聲音，立刻不哭了，而且還轉過頭來看著爸爸。她認得爸爸的聲音，這個聲音對她有安慰作用。實在很奇妙。

就這樣，我們展開了爲人父母的生活，而且在轉眼之間，我們竟然已經有了五個女兒。這一路走來，我們眞的覺得孩子是越多越好。

此刻我一面寫這篇文章，一面可以聽見女兒們在隔壁房間玩耍的聲音，看著小女孩玩家家酒，假裝在做菜、買菜、給洋娃娃餵奶或換尿布，我每每感到驚奇。女兒們喜歡玩在一起，即使只是睡午覺小別片刻，彼此就會想念對方。每次看見她們互相擁抱、親吻，我們心裡就感動莫名。

除了開心的時刻，當然也有挑戰的時刻。老大三歲時，開始很黏我，這讓我們很頭疼。每次我要出門，她就會放聲尖叫、哭鬧不停。當時我正準備發行《你是我最愛》專輯，正是最忙的時候，常常得出門開會。有一天早上我要出門去拍MTV，她又上演了一場尖叫哭鬧劇。我那一整天都心神不寧，晚上回家後，就開始教她練習乖乖地跟我說：「媽媽，再見。」她跟著做了練習，卻是心不甘情不願。後來我送她上床睡覺，跟她一起禱告，但我是咬著牙在禱告，因爲心裡還很生氣。不過上帝憐憫我，回答了我的禱告，禱告完之後，我的氣就消了，於是我問她兩個問題：

「你乖的時候，媽媽愛不愛你？」

「愛啊。」

「你不乖的時候，媽媽愛不愛你？」

「不愛。」她這樣回答。

我立刻糾正她說：「不對，你不乖的時候，媽媽也很愛你，我一直都愛你。」我不斷跟她解釋和強調這一點，我告訴她，我不喜歡她不乖的樣子，我會努力幫助她學會克制自己，把不好的行爲和態度改過來，但我對她的愛，不是由她的行爲或態度來決定，不管怎樣，我一直都愛她。後來我就看見她開心地露出笑容。

「你眞的一直都愛我嗎？」她很驚訝地問。

我重申一遍：「對啊，你不乖的時候，我也愛你，就算有時候我得打你屁股，我還是愛你。我一直都愛你。」

當時三歲的女兒好高興，從她的表情可以看出她眞的覺得自己是被愛的，她相信我的話。幾分鐘後我準備上床時，她跑下床告訴我：「媽媽，我愛你。」她沒有要求我抱她或做什麼，她只是想告訴我，她愛我。然後她說：「媽媽，明天你出門的時候，我會跟你說：『媽媽，再見。』」又過了幾分鐘，我聽到她在自己的床上高興地跳上跳下，也聽到她很認真地、一遍又一遍地練習說：「媽媽，再見。媽媽，再見。」這是一個很特別的經驗。

那天晚上我告訴她，爸爸也是不管怎樣都愛她，所以第二天早上她一看見爸爸，就立刻大聲問說：

「爸爸，我不乖的時候你也愛我嗎？」

「對啊，我很愛你，我一直都很愛你。」爸爸回答。

下一次我們出門時，三歲的女兒仍然有點不情願讓我們離開，但她的表現一次比一次好。後來我們出門時，就可以順順利利跟孩子們說再見了。

偶爾我們還會像玩遊戲一樣，複述我們家的格言：

「你們乖的時候，爸爸媽媽愛你們嗎？」

「愛啊。」孩子們回答。

「你們不乖的時候，爸爸媽媽愛你們嗎？」

「愛啊，」孩子們帶著笑容回答說：「爸爸媽媽一直都愛我們！」

我們夫妻對孩子的管教很嚴格，孩子各方面的行爲和態度，我們都會加以訓練和管教。但我們也會跟孩子強調，她們不需要靠表現來得到我們的愛。

搬回台灣之後，我聽過很多人說他們不想生小孩，或者只想生一個，因爲孩子很麻煩，而且他們不想失去自由。我前面提到的美國南方文化，跟台灣的文化很不一樣。我住在美國阿拉巴馬州那個寧靜的小鄉鎮時，周遭都是一些家裡有四、五個孩子的快樂家庭主婦，我懷了第一胎後，她們都爲我們感到高興極了。我記得有一個媽媽，她當時有四個年紀比較大的孩子，我們帶第一個寶寶回家時，她來探望我們。當她聽到我們女兒惇惠的哭聲時，很感傷地說：「你們現在也許不喜歡聽到這個哭聲，但在我們這些不再生育的人耳中，這個哭聲是全世界最美的音樂。」她說她那個禮拜在家裡看一些老相簿，看著看著就忍不住哭了，因爲她的大兒子已經開始變聲，孩子眞的是轉眼之間就長大了。

搬回台灣後我才醒悟到，當初我在美國懷孕時，周遭有許多支持鼓勵我的媽媽朋友，她們都很享受為人母的身分，而且覺得孩子是上帝所賜最美的禮物。在我周遭有一群最好的老師和顧問，比如說，像是瑪蒂亞姑姑、丹瑪醫師和我最好的朋友波莉。我在美國的牧師娘有五個孩子，其中兩個兒子是雙胞胎，她教我怎麼訓練孩子乖乖聽話，她兩個雙胞胎兒子都很聽話，不像我在台灣看到的小男孩，台灣人都認為男孩子本來就很調皮。這些媽媽朋友教我怎麼維持一個氣氛和樂、井然有序的家庭。她們都沒有請保母，也沒有請傭人，卻個個看起來都很從容優雅。她們的幫助讓我獲益良多，也讓我期待生育更多兒女（關於我的教養方法及心得，請參考《沒有不受教的孩子：以愛為後盾的K・I・C・K教養法》一書）。

不會有人在嚥下最後一口氣之前，後悔花太少時間在工作上，卻有很多人後悔花太少時間陪家人。所以我給為人父母者的建議是：不要一心一意想著你自己或你自己的雄心壯志。孩子待在你身邊的時間很短，就像杜布森博士所說的：「兒女只是暫時借給我們的，養兒育女的責任遠大過其他的責任。在兒女還小的時候，你若能遵行這個優先順序，等他們長大了，你會得到最大的報酬。」

常有人問我會不會再生，我每次想到再生，就會想到要忍受三、四個月日夜吐個不停的日子。如果把目前這五次懷孕的時間加起來，我的人生已經有將近兩年的時間是痛苦不堪地躺在床上呢！值得為一個孩子吃這麼多苦嗎？記得我的老三出生後幾週，我寫了一封信給她，我想用這封信來回答這個問題。

給女兒的一封信

親愛的恬昕：

在你大姊過完三歲生日、二姊過完一歲生日後幾個禮拜，媽媽發現懷了你！媽媽那時候很累，因為我們全家還在適應台灣的生活，而且跟前兩次一樣，媽媽又嚴重害喜了三、四個月。媽媽常跟爸爸說，我不要再懷孕了，我說你是最後一個孩子了，我們以後應該要考慮領養。爸爸每次都笑笑回答：「等寶寶出生後再說吧。」（你的爸爸很有智慧）後來媽媽開始陣痛，陣痛來得又快又猛，開了兩指後，不到一個小時就把你生出來了。當時我在心裡大叫：「我再也不要生了！」

可是，當我現在抱著你，看著你漂亮的眼睛……你相信我會願意再來一次嗎？

我的寶貝女兒，你很值得，媽媽好愛你。

愛你的媽媽

傳承

愛的育兒法與經驗分享

丹瑪醫師是新手父母的恩人

羅伯洛恩博士（Dr. Robert A. Rohm）
亞特蘭大市「個性測驗機構」主席

一九七三年七月三十一日，我們的老大小蕾出生了，當時我們夫妻倆對於未來將面對的挑戰，完全沒有概念。孩子是從上帝而來的祝福，但這不表示養兒育女的工作就會變得容易一點。帶孩子確實是人生一大挑戰，尤其是老大來臨時，根本就覺得措手不及。唯一有幫助的，就是閱讀育兒書籍，聽聽親戚的意見，還有打電話向可以信賴的朋友求助。儘管如此，很多人仍覺得帶孩子眞不容易，尤其是新手父母。

女兒不分日夜、時時刻刻主宰著我們的生活。她一哭，我們就手忙腳亂。我們聽說寶寶哭的時候，是表示他有需要，不用多久，女兒就有一大堆需要了！她好像都不用睡覺，一哭就想吃奶，而且老是心情不好。我們很愛女兒，卻很懷疑自己能不能勝任爲人父母的角色。

後來有一天，有位女性朋友告訴我們，有一個小兒科醫師非常特別，就是丹瑪醫師。（我現在回顧才看出來，當初那個朋友比我們還了解我們的困境。我們只知道有問題，她卻知道有答案！）

於是我們去找丹瑪醫師。在自我介紹與寒喧一番之後，丹瑪醫師看著我們問說：「是你們搬進去跟寶寶住？還是寶寶搬進來跟你們住？」然後她開始解釋，訂一套作息時間表和固定的程序非常重要，又說寶寶有時候需要哭一哭來運動一下（如果已經吃飽、換過尿布的話）。我很喜歡丹瑪醫師說話很有把握的樣子。她的智慧與專業態度，還有她對父母和孩子的關懷與愛心，立刻贏得了我們的信任。不消說，我們家不久就開始有了奇妙的改變。

之後幾年間，我們又生了三個孩子。三個寶寶的情況跟老大很不一樣，實在叫人欣慰，有如天壤之別！我們從這位有智慧的醫生身上學到很多，從此以後，帶新生兒回家和照顧新生兒，變成一個很愉快的經驗。除此之外，我知道我們的孩子都比以前健康多了，老大本來常常生病，後來身體變得健康起來，之後出生的孩子也都比較健康。眞的很不可思議，我們不知省下多少不必要的醫藥費。

丹瑪醫師不只是小朋友的知己，也是爲人父母者的救命恩人。老實說，如果沒有丹瑪醫師，我當初眞不知道該如何是好。

丹瑪醫師是代代相傳的好醫師

Denise Garner Jacob（喬治亞州）

丹瑪醫師恐怕無法想像，她對我和我家人的幫助有多大。在我還沒生下老大之前，我婆婆的婆婆就提到有個很棒的小兒科醫師，她的三個孩子都是看這個醫生。接下來我的婆婆也帶她的孩子去看這個醫生。她們兩個都說，這個醫生把照顧孩子和料理家務變成一件輕鬆自然的事，而且她人很好，光是認識她就覺得很有福氣。當然，她就是丹瑪醫師。

女兒出生後，我當然也應該帶她去看丹瑪醫生才對，可惜我沒那麼聰明，沒有立刻聽從老人言。我選了一個離家近一點的醫生，以爲小兒科醫師應該都差不多。我的女兒小薇是個健康漂亮的寶寶，我懷她時就已經決定要餵母奶。剛開始餵母奶很順利，但不久之後，她每次吃完奶大約一小時，就會開始哭鬧，而且情況越來越嚴重，最後變成經常哭鬧不停。醫生診斷她胃液逆流，開了胃藥「善胃得」（Zantac）讓她飯後服用。女兒四個月大時，我們打算第一次帶她出遠門。有一天早上她又哭鬧不停，搞得我心浮氣躁，我忍不住想，如果我得待在狹窄的小汽車裡，聽她哭鬧三個小時，我怎麼可能受得了。這時有個念頭閃過，彷彿禱告蒙了應允似的：帶她去看丹瑪醫師。我把這個令我又愛又憐的寶寶放進車裡，立刻開車去找這位久仰大名、醫術高明的醫生。那天丹瑪醫師剛好很忙，所以我們得等一下。當我們坐在那裡等候，看見她的小病人在她的照顧下，一個個開心又守規矩，我的心情漸漸放鬆下來。我知道她一定可以解決我這個小寶貝的問題。

丹瑪醫師一面替我女兒檢查，一面問了幾個簡短的問題。

「她是吃母奶還是配方奶？」當時我已經不再分泌乳汁，所以是餵配方奶。「她每次喝多少奶？」有人告訴我每次要餵一百八十西西的奶。「除了喝奶，她有沒有吃別的食物？」根本還沒有人告訴我要餵別的食物。丹瑪醫師看著我說：「這個孩子一直都沒吃飽。她每次應該喝兩百四十西西的奶，還要吃蛋白質、蔬菜、水果和澱粉類食物。」我聽了之後簡直嚇壞了，我自己吃得那麼好，但我這個無辜的寶寶卻在餓肚子！我覺得羞愧極了，我那麼愛我的孩子，希望把最好的給她，卻連餵飽她的肚子都做不到。丹瑪醫師這時露出了笑容。

她說：「我想我們應該有辦法救她。」她叫我坐下來，爲我女兒列了一張食物清單。她也說明怎麼預備這些食物，並要我們遵行一個合理的作息時間表。

看完診後我立刻衝回家，把那些昂貴的胃藥扔掉，開始照丹瑪醫師的吩咐餵女兒。然後週末我們就出發回我娘家，開心的外公外婆看見小孫女胃口那麼好，忍不住嘖嘖稱奇。女兒的心情好多了，那天晚上一上床就睡覺，也沒像以前那樣哭鬧到凌晨一兩點。

現在女兒已經十六個月大了，從那天起，我只帶她看丹瑪醫師。女兒是個快樂的孩子，總是準時上床睡覺，而且睡得很好。我婆婆和她的婆婆講得果然沒錯，丹瑪醫生眞的很懂得照顧孩童。有些人會說我很幸運，生了一個這麼好的女兒。這是幸運嗎？我不覺得。是上帝賜給我們這個女兒，但我們很有福氣，能夠認識丹瑪醫師，她的博學多聞和豐富的經驗，讓我們獲益良多。

為女兒尋找奇蹟

Jannette Williams（喬治亞州）

我第一次見到丹瑪醫師，是在女兒九個月大的時候。我那時一直在為罹患中耳炎的女兒尋找奇蹟，希望不用在她的耳朵裡放管子。一想到要放管子，我就覺得很害怕，在體內放外來的東西，好像很不自然，還要期待身體不排斥這些外來的東西。女兒四週大時，我的乳汁不夠餵飽這個四．五公斤的寶寶，所以開始讓她喝配方奶。從這時起，她開始有發炎的現象，每兩週就要去診所報到一次，請醫生換藥，因為上次開的藥沒效，後來還引發了黴菌感染。牙醫師說，劇烈的嘔吐和發高燒，使得她臼齒上的琺瑯質產生裂痕。

這個孩子眞是受夠罪了，該去找一個能夠找出病因的醫生，而不是找那些只會一直開藥的醫生。我是從小姑那裡得知丹瑪醫師，她的孩子因尿布疹去看過丹瑪醫師。我們第一次去找丹瑪醫師時，她就花了一個小時跟我們說明女兒的情況和病因。

所有的乳製品、果汁和糖都不能再吃了。如果你當初跟我說，光是改變我們的飲食習慣，就可以治好孩子的耳朵，我一定會說你瘋了。可是這個做法眞的有效！短短三天內，女兒整個人有如脫胎換骨，從此耳朵再也沒發炎過。

我禱告求上帝差派一個人來跟丹瑪醫師學習，讓她的醫術理念能夠傳承下去。丹瑪醫師，謝謝你，你又救了一個孩子！

丹瑪醫師是孩子們的守護天使

Jan Holland（喬治亞州）

丹瑪醫師一直都像是我的守護天使，她不但照顧我的孩子十五年，也是我自己小時候的小兒科醫師。我第一次帶孩子去看她時，大女兒小璐五歲，而我剛生了一對雙胞胎女兒。我當時對醫學界大失所望，五年來常常帶孩子向醫生報到，累積的看診費用驚人，更別說還有花在買藥上的錢。我一向不同意一有病痛就吃藥的做法，我知道小璐表面上的這些問題，一定有更根本的原因，我很想找出眞正的原因。這時有人告訴我應該去找丹瑪醫師。

聽到丹瑪醫師還在替人看病，我很驚訝，但我立刻打包了午餐，帶著幾本圖畫書，來見小時候熟悉的那張和藹可親的臉。乍見丹瑪醫師時，我的第一個反應是：她一點也沒變老嘛！是因爲她老是穿著那件醫師袍的關係嗎？她開始幫我的孩子看診，這時我趕緊回過神來。她果然吩咐要給雙胞胎女兒吃她那有名的「綠色食物泥」，就是把豌豆、麥片和香蕉加在一起打成泥，一天兩次，早餐則吃麥片水果泥，飲料方面只能喝水，並且兩餐之間絕對不能吃東西。

接下來換小璐了。看見女兒爬上那張高高的木製檢查桌，我有似曾相識的感覺，那正是我以前常坐的地方。丹瑪醫師開始檢查，她跟小璐說話時，語氣和藹親切，她的話總是帶著正面的鼓勵。

她說：「這麼乖的小女孩，我不會把她賣掉的。」我和小璐畢恭畢敬地看著又聽著。丹瑪醫師檢查得很仔細，又是驗血，又是摸摸背部的皮膚，還仔細地檢查了頭髮，然後她看著我，問我有沒有人告訴我，小璐對牛奶過敏。

我說：「沒有人跟我說過。」心裡忍不住想到我每天竟然倒那麼多牛奶給她喝。

丹瑪醫師說：「我把這個孩子的情況解釋給你聽。」她說的時候，彷彿親眼目睹過一樣，她說喝牛奶會導致中耳炎，得服用很多抗生素，而且小感冒不斷，這正是小璐五年來的情況。

她又說：「小璐耳朵裡面可能也放了管子。」每件事都給她說中了。然後她叫我坐下來，仔細跟我解釋。小璐的血紅素值過低，所以她有貧血。丹瑪醫師說：「大多數的醫生不會說貧血不正常，可是貧血是不正常的。每個人的血紅素應該要在標準值的範圍內。如果你照我的吩咐去做，你的孩子就會很健康。如果你不照我的吩咐去做，就不要跟別人說我是你的醫生。」這些話言猶在耳，從來沒有人用這麼堅定卻和藹的語氣跟我說話，我知道她的關懷是發自內心。她開始解釋消化系統的運作原理，談到她很反對喝牛奶，因爲有很多孩子罹患貧血是因爲喝牛奶。

她說：「動物在斷奶之後，都不會再繼續喝奶，但人類卻照常喝奶。喝完牛奶後至少要等兩個禮拜，才能徹底清除體內殘留的牛奶，這包括所有的乳製品。」我當初眞應該把這些話寫下來。我問她需不需要在兩個禮拜後回診。

她說：「不用。如果你照我的吩咐去做，就不需要回診。如果你沒照我的吩咐去做，就不要再浪費你我的時間。」我聽了就知道她是認真的，她由衷希望我的孩子能夠健康快樂，我很感謝她如此坦誠。回家路上，我想起小時候，丹瑪醫師吩咐我的母親，要煮黑眼豆和高麗菜給我們吃，這是最營養的食物。我母親果真照她的話去做了！數不清多少年來，我們每個禮拜至少要吃一次黑眼豆和高麗菜。母親也不讓我們在兩餐之間吃點心。這套方法對我很有效，所以一定也會對我的孩子有效，看來我們要準備改變一些生活習慣了。後來小璐的皮膚和鼻塞好了，基本上我們家三個女兒的健康都大大改善，後來只需要每年做一次例行檢查就可以了。

一般醫院中的檢查報告以「Hb」來表示血紅素，單位是「g/dl」也就是每100cc（dl）的血液中所含的血紅素的公克數（g）。

一般來說，男生的Hb正常值是13~16g/dl，女生和小孩正常值是11~14g/dl；中度貧血的Hb是指8~11g/dl，嚴重貧血的Hb是指小於8g/dl。

看過丹瑪醫師後，讓我鬆一口氣

Nancy Pyle（喬治亞州）

我兒子三個月大時，有嚴重的腸絞痛，常常白天晚上都沒辦法睡覺，痛到不停尖叫，吃什麼就吐什麼。丹瑪醫師列了幾樣固體食物，吩咐讓他配燕麥粥來吃，他吃了之後沒有再吐，整個人像脫胎換骨一般！之前看了很多小兒科醫師，一點幫助也沒有，只會說一些沒有意義的話：「這個狀況會漸漸地自然好轉。」看過丹瑪醫師後，我真是鬆了一口氣，我永遠忘不了她那些睿智的話，還有她和藹的態度。

丹瑪醫師是上帝賜給孩子們的禮物

Leigh Smith Mintz（喬治亞州）

我在一九八八年第一次聽到丹瑪醫師的名字，是一個加油站的服務人員告訴我的。當時我兩週大的孩子，正坐在我旁邊的嬰兒汽車座椅上，他問我孩子晚上有沒有一覺到天明。我看著他，覺得很納悶，怎麼會有人問這種不可能的問題？當時我是個新手媽媽，身體的疲憊自不在話下。自從我生完兒子出院回家，晚上總要被他吵起來很多次，我當時以爲這是正常的，新生兒怎麼可能一覺到天明呢？這個服務人員有九個孩子，但每個孩子都在出院回家三天後就能夠一覺到天明。他說丹瑪醫師有辦法。

我問他：「這個醫生在哪裡？」他告訴我地方，我第二天就立刻去看她，還帶了一個懷孕的朋友一起去。到了那裡，只見到一間不起眼的辦公室，門上貼個牌子寫著「週四公休」。可是我非見她不可啊！也許我應該明天再來……可是我實在受不了還要再煎熬一個晚上！我看見隔壁有一間白色的大房子，也許是她家也說不定。當我敲她的門時，她一定看出我臉上那絕望的表情。

她說：「我們來看一下你的寶寶。」我們走到她的辦公室，上帝給我機會，跟這個有智慧的女士相處了兩個小時。我眞希望當時手上有一台錄音機，她每一句話都很有道理，都是簡單的常識。人們好像常常會把生活弄得很複雜，但丹瑪醫師談的都是人生中最重要的事，她說這些小生命非常寶貴。她實在是個了不起的人。

「把寶寶餵飽，拍背打嗝，換上乾淨的尿布，然後就放到床上睡覺。檢查一下嬰兒床，如果床上沒有蛇，你就可以走了——意思就是說，別再吵寶寶了，寶寶想哭就讓他哭，哭對他有好處。」她說話既幽默又有智慧。

我的朋友問：「懷孕時應該注意什麼？」

丹瑪醫師回答說：「要常常笑。」兩個小時的諮詢，看診費才八塊錢美金。跟這位特別的女士相處之後，你就曉得她眞的是上帝賜給我們兒女的大禮物。

每一次看診都是美好的心靈體驗

Celeste Frey（喬治亞州）

我有三個女兒和三個兒子，我在第三個孩子十個月大時，第一次見到丹瑪醫師。有一天，有個朋友聽到我的老三發出氣喘的聲音，就建議我去看丹瑪醫師。

我一九八九年第一次去看丹瑪醫師時，老三患有貧血，還有中耳炎和腸胃炎。丹瑪醫師說，他可能也有氣喘，但應該會在五歲到九歲之間自然痊癒，果真沒錯，她叫我扔掉奶瓶和嬰兒配方奶粉，開始照她的吩咐給孩子吃東西，並且每三個小時給孩子吃一次抗生素，持續七十二個小時（設鬧鐘來提醒）。我按照她的吩咐去做，孩子的情況很快就改善了，他也不能吃黃豆食品。她說，如果孩子的氣喘發作，就給他洗個熱水澡，讓他吃一顆嬰兒服用的阿斯匹靈。這個做法非常有效，平常不管哪個孩子感冒了，我們都會這樣做。她建議地下室要用除濕機，老三的房間地板不要鋪地毯，不要在家裡抽菸，長黴菌的地方都要用漂白水消毒（像浴室、車庫門等等）。我們直到今天還是繼續這麼做。

我後面三個孩子都是按照丹瑪醫師的吩咐吃食物泥，他們都沒有對什麼食物過敏，也沒有氣喘。我們家也都只是喝水，兩餐之間不喝果汁、牛奶或汽水，這樣小孩子就不會在小便時有灼熱感。

我們非常敬愛丹瑪醫師，我的孩子說，去丹瑪醫師的診所就像去見一位慈祥的奶奶一樣。每次去診所看她，都是一個美好的心靈體驗。她願意花時間跟我們一同檢視生命，教導我們養育兒女，並且分享她多年的智慧。

聽丹瑪醫師的話，早產兒一樣能養得白胖健康

Justine Glover（喬治亞州）

丹瑪醫師眞是個國寶。一九九四年四月五日，我生下一對雙胞胎。我們夫妻是經過三年的不孕症治療，才在人工受孕下懷了這對雙胞胎。我在四十二歲的高齡終於生了，可是寶寶提早八週報到，兒子兩千零五十公克，女兒只有一千六百公克。女兒的身體沒什麼問題，只是體重較輕，在早產兒病房住了一個月。但兒子的身體卻有問題，他的心臟有個小活瓣無法完全關閉，動過三次手術後，我們終於可以帶他回家。

我們的兒子可以正常排便後，卻發生尿布疹，嚴重到流血。這可憐的孩子已經吃了不少苦，看他一直忍受疼痛眞的讓我們很心疼。所有的專家都覺得尿布疹會漸漸自然痊癒，隨便建議了十幾種療法，有的建議不要穿尿布，（這你能想像嗎？）有的建議擦各種藥膏，但都無效。我兒子繼續在痛苦中煎熬。有一天下午，我在超市遇到一位在加護病房工作的護士，她當初在北方醫院照顧過我的女

兒，我懇求她給我一點建議。

她立刻說：「在沒有辦法的時候，就要去找丹瑪醫師。」我在醫院擔任語言治療師，所以聽過丹瑪醫師的大名。第二天早上，我和母親一起帶兒子去見丹瑪醫師。丹瑪醫師一聽完描述就告訴我們，如果兒子每次喝完奶就排便，就表示他對那個牌子的配方奶過敏（這可是很貴的一種特殊配方奶）。她建議改用黃豆成分的配方奶，並且開處方箋讓我們去買磺胺軟膏來擦。他的小屁股雖然紅腫得厲害，可是四天內應該會好。我眼睜睜看著兒子痛了三個月，這句話正是我當時最需要聽到的，事後也證實丹瑪醫師講得沒錯。

丹瑪醫師又嚴肅地告訴我，必須給孩子訂作息時間表，什麼時候該餵奶、睡覺、洗澡等等，基本上就是要享受生活、享受育兒之樂。她強調必須等寶寶空腹，才能再餵奶，也強調絕對不要因為寶寶哭，就以為寶寶餓了。她說我應該在晚上十點餵最後一次奶，然後就要送寶寶上床睡覺。當時我實在已經累壞了，有時甚至會精神恍惚，感覺自己好像向後倒。我按照她所建議的作息時間表去做之後，兩個寶寶晚上都能夠一覺到天明，白天心情愉快，不會吵鬧，而且一直都很健康。我從此展開了新生活！兩個原本瘦巴巴的早產兒，突然變得白白胖胖。兒子到了九個月大時，體重已經有十一公斤，超過了生長曲線，我們都笑他看起來像個迷你的美式足球線衛！女兒的體重是九公斤，在生長曲線中是七十五百分位。

人人都有權利擁有一個像丹瑪醫師這樣的奶奶、醫生和鄰居。我們帶孩子回診做例行檢查，每次只要花十塊錢美金，就能夠得到諮詢服務和正確的醫學建言！每次看完診離開，都會對世界充滿希望，因為丹瑪醫師對家庭、工作和愛都抱著正面積極的態度。她很有幽默感，她對我說，母牛帶小牛可是比我帶孩子高明多了，因為母牛不像我，牠沒有一個大腦常常來攪局。丹瑪醫師叫我要用腦子想一想，她說我其實很清楚該怎麼做，我應該回家好好照著自己的直覺去做。丹瑪醫師就是這麼特別，她眞心相信做父母的有能力把孩子照顧好，她比我們自己還有信心。丹瑪醫師知道，在她的調教之下，我們會更懂得照顧孩子。丹瑪醫師有一句話說得很對，她說她不能退休，因為還有很多父母需要教育。我很高興自己也能像許許多多人那樣，對她說：「謝謝你，丹瑪醫師。」

停掉牛奶，耳朵不再發炎

Eric and Tiffany Moen（喬治亞州）

我女兒的耳朵經常發炎，到她兩歲的時候，我們跟醫生開玩笑說，我女兒應該享有老主顧的折扣才對，因爲她來過這麼多次，每次掛號都要花五十塊美金。女兒服用的也是最貴的抗生素（Ceclor），每張處方箋的藥量也要五十塊美金，而且不見得有效。她的耳朵每個月都要發炎一兩次，全家人都不好受。

六個月後，我們搬到庫明來，聽說了丹瑪醫師的大名。丹瑪醫師告訴我們，只要別再讓女兒喝牛奶，耳朵就不會再發炎。果眞沒錯，女兒現在已經六歲了，耳朵沒再發炎過。有一天我遇到女兒以前的小兒科醫生，就跟他講這件事，他竟然回答說：「一般孩子到了兩歲時，中耳炎本來就會自然痊癒。」這樣的反應實在要不得，竟然不願意承認正確的飲食很重要！

趴睡矯正扁平的後腦勺

Jenny Cromer（喬治亞州）

一九九三年四月十七日中午十二點零六分，我的獨生子出生了。他很健康，重四千公克，身長五十六公分。醫院護士吩咐我，要讓寶寶側睡或仰睡。兩個月後，我們帶寶寶回到小兒科醫師那裡做例行檢查，醫生注意到寶寶的後腦勺有一塊扁平的地方，就吩咐我要開始讓寶寶側睡，一個月後再回來檢查。到時候如果扁平的情況沒有改善，他會介紹我們去看一位外科醫生，讓他幫寶寶把長在一起的頭骨重新歸位。不用說也知道，我當場嚇壞了，回家後不知所措，只知道哭和禱告。

教會有兩個朋友一直鼓勵我去看丹瑪醫師，可是想到丹瑪醫師的年紀那麼大，我就心存懷疑。不過，那個小兒科醫師的一番話，讓我不管是什麼都願意試試看了。所以我打電話給教會這個朋友，請她帶我去找丹瑪醫師。丹瑪醫師幫我兒子做了檢查後，說他非常健康，我聽了當然大大鬆了一口氣。她叫我千萬別讓任何人來切我孩子的頭，她說我應該開始讓兒子趴睡，他的頭型就會漸漸恢復原狀。我的兒子十九個月大時，後腦勺完全看不出有扁平的現象。

感謝上帝給我們丹瑪醫師，她幫我們省了很多錢和很多眼淚。她讓我覺得，我不需要靠醫生的幫助，就可以自然地做個好母親。我現在會跟每一個人推薦丹瑪醫師的育兒法了！

趴著換尿布更好清理

Melanie Y. Doris（喬治亞州）

我沒見過像丹瑪醫師這麼有智慧的人，光是在她旁邊，就覺得好像跟天使在一起。

她告訴我們，幫兒子換尿布時要讓他趴著，結果真的很有效！趴著比較容易清理，也不會被尿噴到。兒子剛出生時，醫院吩咐我們要讓他側睡，有些人則叫我們要讓他仰睡。我們覺得丹瑪醫師的建議最有道理，她說要在嬰兒床的床單下面鋪四條大浴巾，然後讓寶寶趴睡。我們照著丹瑪醫師的建議去做，結果兒子的頭型很漂亮。我們從不擔心兒子會窒息，因爲萬一他的臉朝下，下面的浴巾也會透氣。兒子也很早就學會控制他的頭部，因爲趴睡讓他有機會自己轉頭換邊。

我們剛開始是看附近的一個小兒科醫生，偶爾才去看丹瑪醫師（開車要一小時）。但是才看過丹瑪醫師幾次，我們就發現她的話很有智慧，加上六十五年的經驗和敬虔的態度，眞的很值得我們開這趟遠路！後來兒子每次生病，我們都直接去找丹瑪醫師了！她眞的很愛小孩子，我認爲她是全世界最好的醫生。我眞是愛死她了！

丹瑪醫師是全家都受用的好醫師

Jan P. Winchester（德州）

我長大的地方，離丹瑪醫師的診所很近。我現在有五個孩子，老么剛滿月，老大八歲。我們住在德州達拉斯，但我從來不帶孩子去看這裡的醫生。我經常回亞特蘭大，我們都是等回去時，再去看丹瑪醫師。有一年我們回娘家過聖誕節，就帶老么去看丹瑪醫師，我心想，我前面四個孩子都是餵母奶，應該不會有什麼問題，而且老么看起來跟哥哥姊姊的情況差不多，所以應該跟哥哥姊姊一樣健康。

可是我的老么在五週大時，體重只有三千六百公克，比出生時的體重還少將近四百公克。丹瑪醫師說寶寶根本沒吃飽，就教我怎麼按時間表餵奶，先餵母奶，再餵配方奶。現在寶寶可以一覺到天明，身體非常健康。

我的孩子是接受在家教育，我很珍惜丹瑪醫師實用的建議和關愛。因為丹瑪醫師的緣故，我六歲的女兒說她要當醫生，並且要把診所開在丹瑪醫師的診所隔壁，這樣萬一有問題的話，她可以馬上跑去問丹瑪醫師！

連我們有一次去科羅拉多州度假滑雪時，都還打電話給丹瑪醫師，因爲我先生當時很不舒服，我們以爲他生了重病。後來丹瑪醫建議他吃點鎂奶（Milk of Megnesia），結果一吃見效！我先生去紐約出差時，甚至跟公司的總裁分享這件事，總裁先生覺得他瘋了，怎麼會去吃鎂奶？可是當初若不試這個方法，就得送急診室了。我先生選擇照丹瑪醫師的建議去做，結果現在成了丹瑪醫師的忠實擁護者。丹瑪醫師眞的影響了許許多多的人，我非常感謝上帝賜給我們丹瑪醫師。

丹瑪醫師打從內心關懷每個孩子

Diane Leonhardt（喬治亞州）

丹瑪醫師不只幫助過我的女兒一次，而是兩次。第一次是在一九九四年，當時我五歲的女兒因爲患了急性喉氣管支氣管炎，正在服用抗生素，並使用吸入劑。我們花了好幾百塊美金，可是十一天後，她的情況仍未好轉。

後來我聽說丹瑪醫師仍在執業，就立刻打電話給她。結果她不但在三天內治好了我的女兒，還立刻指出我懷孕期間的問題是怎麼一回事，我這樣講一點也不誇張，我那時已經看過五個婦產科醫生，但他們都找不出病因。

我懷女兒時，在床上躺了六個月，醫生給了幾種不同的說法，但都不正確。我把症狀告訴丹瑪醫師，她立刻很肯定地說，我有前置胎盤。她只收我八塊美金，之前我們不曉得已經花了多少冤枉錢。丹瑪醫師第二次幫助我們是，有一次女兒被送進急診室，因爲她發燒、出疹子、急性喉氣管支氣管炎發作，並且嘔吐。我們在候診室裡等了六個半小時，他們不准我女兒吃東西或喝水。最後小兒科醫生進來了，前後待不到十分鐘，他告訴我們鏈球菌化驗結果是陰性，但他們會再化驗一次。他開了兩天的抗生素，說會再跟我們連絡，結果女兒的情況越來越嚴重，最後在打了八通電話之後，他們才告訴我，化驗結果仍是陰性。我立刻去找丹瑪醫師，才短短十分鐘，就發現原來女兒得了嚴重的猩紅熱！這種病可是會死人的！回家路上我哭腫了眼，心裡好感謝上帝讓我及時帶女兒去看丹瑪醫師。

結果女兒三天內就好了！丹瑪醫師簡直就像個天使。我女兒後來一直很健康，我們很希望她的扁桃腺不用割掉，可是她之前的猩紅熱那麼嚴重，實在很難說。她當時所有的症狀都出現過，如果我第一天就帶她去看丹瑪醫師，她就不用吃這麼多苦頭。我先生到現在還在爲這筆誤診的醫藥費，向醫院據理力爭。當初我女兒患了致命的疾病，他們並未給予正確的治療，但我們仍可能要付這筆醫藥費。後來我們到丹瑪醫師那裡回診，她簡直不敢相信我女兒這麼快就好了。

她說：「這眞是個奇蹟，扁桃腺完全消腫了！」我喜極而泣，忍不住上前擁抱她，不斷地向她道謝！她眞的是打從內心關懷我們的孩子。

丹瑪醫師治好了經常被誤診的咳嗽問題

Laura L. George（喬治亞州）

我第一次聽到丹瑪醫師的名字，是在一九八〇年，當時我正懷著第一胎。有一天，我跟幾個新手父母朋友討論怎麼選擇小兒科醫生時，他們提到了丹瑪醫師。我聽了之後覺得很驚訝，丹瑪醫師竟是這麼好的一個人，她當時八十幾歲，還在執業，每一個認識她的人，都對她讚不絕口。

我後來發現，你不會只是「認識」丹瑪醫師而已，你會去「經歷」她這個人！周遭每個人都勸我選擇這位有智慧的醫生，但我心想，她一定不可能再執業太久，所以為了現實的考量，我找了一個比較年輕的醫生。但是十五年後，丹瑪醫師仍在執業，而我原先那個醫生早已在七年前關掉診所，到醫院去做行政管理的工作！要不是我們家在一九九〇年遇到一個危機，我恐怕不會認識丹瑪醫師。

那年十月中旬的時候，我先生開始咳得很厲害，而且越來越嚴重。可是我先生這個人很能忍，他選擇不看醫生，打算讓咳嗽自然好。兩個禮拜後，他和他的弟弟一起到德國旅行兩個禮拜，旅途中咳嗽越來越嚴重。就在同一天晚上，快兩歲的女兒也開始有點乾咳，我剛開始並不擔心。幾天後，她咳得越來越厲害，不久之後，有一天她半夜醒來發生抽搐，持續十到十五分鐘，結束後就開始發出乾嘔的聲音。

有一天下午她睡午覺時，我的大兒子跑下樓告訴我，說妹妹在她的嬰兒床裡發出乾嘔聲，而且臉色發青。我趕到的時候，她的抽搐情況正漸漸緩和下來，後來我才知道那是痙攣。我立刻帶她去看我們的家庭醫生，他的診斷是鼻竇引流出問題，雖然沒有其他症狀，他仍開給我含有「可待因」的止痛藥（Tylenol），讓女兒晚上可以睡覺（我可沒說謊）。

我當然不滿意這個處理方式，可是我不知道還能怎麼辦。我決定不讓女兒服用這個止痛藥，想再看看接下來幾天的情況，反正她沒有別的症狀，也不會不舒服，不太像會立刻出什麼大狀況的樣子。再過幾天我先生就會回來了，可以幫忙決定該怎麼辦。

但女兒的咳嗽越來越嚴重，有一天半夜再度醒來發生痙攣，我查了家裡的醫學書籍，結果嚇得全身冰冷，女兒可能是得了百日咳，這是孩童容易得到的疾病，對兩歲以下的孩童特別危險，而我們家還有個剛出生的寶寶，他也開始咳嗽了。

過去幾年來，我聽說過丹瑪醫師投入研究，致力發展百日咳疫苗，無庸置疑地，有許許多多落入百日咳魔掌的孩子，因她這項研究得以挽回性命。我心想，沒有人比丹瑪醫師更能夠認出這個疾病了。我打電話到她的辦公室，沒想到竟然是她親自接的電話。

丹瑪醫師問：「她有沒有發燒？」我女兒沒發燒，所以我鬆了一口氣，以為也許我搞錯了。

結果丹瑪醫師的回答把我嚇壞了，她說：「她可能是得了百日咳，你馬上帶她過來。」

我們來到她那間純樸的鄉下診所，她從後門帶我們進去，免得傳染給候診室的孩子。女兒在接受檢查的時候咳了起來，咳到喘不過氣，臉色發青，全身突然發軟，眼睛向後翻，身體開始痙攣。我跟六個孩子站在那裡，滿臉無助，哀求丹瑪醫師趕快想辦法。感覺好像過了好幾個小時，女兒的痙攣才漸漸緩和下來，這是百日咳的典型症狀。可是丹瑪醫師從頭到尾都很冷靜，一面跟我女兒說話，一面鼓勵我不要擔心。很快的，她就證實了我所害怕的事，她說這是一個很典型的百日咳病例。她說眞希望能帶我女兒去奧古斯塔市的喬治亞醫學院，讓那些醫學生看看百日咳的症狀。顯然這個疾病常常被誤診，關於這方面我可是太了解了！

女兒停止痙攣後，丹瑪醫師開始跟我解釋，爲什麼她會花那麼長的時間，研究如何對抗百日咳。在一九四〇年代，她曾在短短一個禮拜內，束手無策、眼睜睜看著同一個家庭中的三個孩子死於百日咳。在百日咳疫苗與治療百日咳的抗生素問世之前，有許多人被百日咳奪走了性命。這番話令我震驚，也令我擔心。這時三個月大的兒子在旁邊也咳了起來，丹瑪醫師問我，他咳了多久了。

「如果他可以熬過這個禮拜，大概就不會有事了。」丹瑪醫師輕描淡寫地回答，像在預測雷電雨一樣。我聽了卻嚇得差點昏倒，她開給我抗生素，並且仔細教我服用方法。那天開車回家的路上，我的腦袋一片空白，我還記得當時腦海裡忍不住浮現替最小的兩個孩子辦喪事的情景。

我打電話告訴前一天才返家的先生。這個消息在教會和朋友圈中迅速傳開，他們開始為我們禱告和安排幫忙的人手。接下來三個禮拜，每隔三小時就要給孩子吃藥，連晚上也不例外。接連幾個夜晚，在孩子咳得喘不過氣、臉色發青、不斷乾嘔時，我們就陪在他們身旁。當孩子猛力吸氣時，我們可以聽見百日咳典型的哮喘聲。我每天都打電話給丹瑪醫師，傾吐我內心的疑問和恐懼。

她總是說：「我很高興你打電話來。孩子現在怎麼樣了？」每次聽到她充滿鼓勵的聲音，我就覺得放心，她說我照顧得很好，這種病要好是需要時間的。很多人反對我們的做法，一直要我們送孩子去住院，接受呼吸治療，服用各種藥物，甚至叫我帶孩子去看一個「眞正」的醫生。每次有人給我建議，我就打電話給丹瑪醫師，拐彎抹角地問她的想法。她總是回答說：「你又在聽朋友的意見了。你只要照著我的吩咐去做，不要管別人說什麼。」

在這段期間，丹瑪醫師的先生患有心臟衰竭，她在家照顧他。他們已經結婚六十幾年，眼睜睜看著另一半的病況逐漸惡化，丹瑪醫師的內心一定很痛苦，但是我每次這樣慌慌張張打電話給她，她都沒有讓我感覺到有一點不耐煩。她的反應正好相反，在她遭逢人生最沉重的考驗時，她仍然如此關心我們的家庭。就在我們家小孩的病情逐漸好轉的時候，丹瑪醫師的先生過世了。

我相信上帝使用了丹瑪醫師，來挽救我們家心肝寶貝的性命。她這樣無私無我地服務我們全家，讓我們永遠感激。再也找不到像她這樣的人了。

台灣讀者的經驗分享

不要剝奪孩子哭的權利

許雪芳（台北）

我覺得這本書最大的爭議點應該在於要不要讓孩子哭這麼久，大部分的媽媽會很擔心已經哭成這樣了會不會不好，或者擔心是不是哭夠了該抱起來了。

剛好昨天晚上就發生了一件事，可以應證一下：

丞丞不知為什麼似乎很煩躁，從傍晚六點喝奶之後就不肯再喝奶了，晚上睡覺時間到了又不肯好好睡覺，大概是肚子餓睡不著卻又不肯喝奶，就這樣越鬧越兇，後來變成尖叫嘶吼般的哭鬧。丞丞哭鬧了快兩個小時，最後吐了一大口痰，我把他抱起來再慢慢放回去睡覺才搞定。其實在他哭鬧的同時，我的心理也是很糾結，不知是不是要堅持下去，於是我想試試看跟哥哥當初完全不同的養育方式，就讓他哭個夠看看會怎樣。

重點應該是他後來怎樣了，結論是——一覺到天亮。

早上七點多起床喝奶並開始今天美好的一天，我們一早就回三芝阿祖家做客待到晚上九點多才回家，媽媽竟然可以帶著六個月大的孩子，（爸爸從頭到尾都很專心的打牌、吃飯。）在舅媽家吃飽喝飽還能跟大家聊得很開心，利用丞丞睡覺時間帶哥哥跟堂弟去放鞭炮，主因在於丞丞的優良表現，固定約五個小時喝一瓶奶。（竟然沒厭奶了耶！）睡覺也是一個人睡，每次大約睡兩小時左右，起床也沒哭就躺在床上很滿足的玩手手，今天的丞丞表現比平常又更好了！

媽媽才恍然大悟，原來偶爾哭一下也是不錯的，經歷昨天一場大哭之後，今天心情顯得非常好，好像發洩得超舒服的，我的結論是孩子想哭時就讓他哭吧！不要剝奪孩子哭的權利！哭過之後孩子似乎也滿開心的。

寶寶作息固定讓我終於體會當媽媽的樂趣

以偲（新竹）

我很久以前就一直想寫信給你！真的很謝謝你的書，你可能不知道你的書幫了我和其他許多媽媽多大的忙！

我兒子是我們家的第一個新生兒。家中沒有人有照顧新生兒的經驗（從我和我妹妹出生後，我們分別是由奶奶和外婆照顧的，所以我媽媽並沒有實際育兒的經驗）。

我相信你應該可以想像，當我們帶寶寶回家時有多混亂。每次當他哭時，如果他不是要打嗝，尿布也沒濕，我們就只好餵他。我感覺他總是不停地在哭，而我們也不停地在餵他。到最後，大家都精疲力盡，束手無策，只好請保母來家裡幫忙，讓我們至少白天可以好好休息。但好笑的是，保母在家時，我兒子總是睡得很好，但當保母下午五點下班時，他才開始起床。

我們全家（爸媽、我和我先生）晚上輪流抱他、搖他。這眞的是惡夢一場！我當時眞的很想僱個能二十四小時照料他的人，然後把他送走。（我知道這聽起來很糟糕！）之前我不容易受孕，但當我經過手術與持續治療，終於有了寶寶後，結果卻令人沮喪，在看你的書訓練寶寶之前，我一點都不快樂。有時寶寶在哭，我也跟著哭。我累到沒辦法對我的寶寶笑，每當我看著他，我都是皺著眉頭，真的很可悲。

我真的很絕望，所以在網路上問其他媽媽怎麼辦。很多媽媽建議我看你的書。於是我照著你書上的所有方法做（除了讓他趴睡以外。其實我們有試著讓他趴睡，但他之前二個月都仰睡，結果反而不肯趴睡）。在試了三天後，他終於睡過夜，可以從晚上十點多，睡到早上五點。之後再幾天，就可以睡到早上七點。我兒子二個月又一週時，就天天，是的，天天睡過夜，現在我的寶寶累了要睡時，只要把他放在床上，他頭會動來動去一下，然後就自己睡著了。不用去搖他，他也不哭鬧，他吃完奶，也習慣清醒玩耍一下。

你在書中提到，按照固定的作息時間表，如果寶寶有任何不對勁，可以很容易地察覺到。我覺得的確是如此！當寶寶哭時，我們不再那麼緊張。我終於感覺到當媽媽的快樂！我們家中也得到平靜安詳。真的非常感謝你！

飲食定時定量，奇蹟眞的出現了！

鄭雅茜

看了你的書有一種相見恨晚的感覺。因爲我的女兒已經一歲七個月大了，我也是聽從醫生指示，採取一哭就餵的方式（我是在醫院坐月子），結果這把我跟女兒都給整慘了。她永遠在哭，我永遠在餵奶，兩個人心情都很差，但一直到看了你的書之後，我才明白爲什麼。

不過我還是決定亡羊補牢，從現在開始重新調整女兒的生活習慣，每天定時定量吃東西，而且絕對不給她吃零食，然後奇蹟眞的出現了。過去想吃才吃、讓我傷透腦筋的她，這幾天到了吃飯時間都會乖乖坐好等待食物，而且也不會再到處亂跑（因爲她如果這樣，我就會先把食物收起來讓她玩個痛快）。我發覺你跟丹瑪醫師的建議眞的有效，非常感謝你可以將自身的寶貴經驗提供給我們。

看到寶寶健康的成長，心裡充滿感恩

劉季雲（新店）

時間過得很快，我兒子已經十一個月了，我從他第七個月開始用奐均書裡的方法帶他，已經過了五個月，現在他成長得很好！原本他六個月之前體重都在百分之三左右，醫生說他到一歲以前能維持這樣就可以了，但現在已經超過百分之二十五，每餐喝完母奶，還可以吃三百到三百五十西西的副食品，而且很有活力，已經會走路了呢！幾週前開始，晚上也可以連睡十一到十二個小時了！

每一次他能安然入睡，吃得飽足，看到他的成長，我就好感恩！感謝神讓我能用奐均的書來養育他，這眞是神的恩典！現在只要有機會跟其他媽媽分享育兒的經驗，我都大力推薦這個方法，甚至連準備懷孕的姊妹，我都介紹她們看這本書！

趴睡的孩子眞的發展比較快

王麗玲（土城）

要與你分享一個好消息～

昨晚十點餵完最後一餐奶，拍完背，換完尿布後，就送女兒上床趴睡，雖然女兒平常也會把頭抬得很高，甚至抬得超過九十度……但昨晚女兒竟然翻身了（從趴著變成仰著），原本我還以爲是偶然，再讓女兒趴著，她又翻一次身，就這樣將近一個小時，只要讓她趴著，她就翻身，眞是太厲害了，因爲女兒到昨天爲止才十週大而已，今早吃完奶後，讓女兒趴在我和先生的床上和她玩，發現她手腳一直用力，有點想爬的樣子。家人也都覺得太神奇了，女兒才兩個多月而已，所以趴睡的孩子眞的發展較快，以上喜悅與你分享，感謝你！

情緒穩定的孩子人見人愛

許雪芳（台北）

有媽媽問我，老大跟老二的不同。生老大之前還沒有這本書，傻傻的我比較不會養小孩，有這本書之後如獲至寶，至少拜讀五遍以上。這本書對我的影響如下：

影響一：老大就是從小一哭就抱，我的媽媽手本來超厲害，現在手都廢了，根本不能抱弟弟，變天的時候比氣象台還早知道！

孩子還小時很可愛，抱起來也不吃力，很多媽媽不會覺得辛苦，但是當孩子八、九個月甚至一歲多，體重已達十公斤甚至更重，睡覺還要搖或抱就是很吃力的事了，所以要衡量自己是否到時候還抱得動啊！

以哥哥浩浩而言，他一直是健康寶寶（現在六歲已經一百三十公分，三十公斤），當初眞是搖到快哭了！直到一歲半他戀上一條被子才結束這場惡夢。

到了弟弟生出來後，我改變策略：

一、我就不再搖孩子睡覺，而且用哀兵策略跟婆婆媽媽商量，我的手廢了，爲了我好千萬別再搖小孩了！

二、給弟弟安撫巾或小手帕，訓練他睡覺抓東西，幫他建立睡前的儀式，例如：擁抱一下，仔細打嗝，再給安撫巾……媽媽可以配合自己家的情況想出儀式。

影響二：老大從小就是一哭就抱，睡覺前尤其厲害，看了這本書，發現這樣會養成孩子無所適從的個性，而且孩子反而會沒有安全感。

我們哥哥眞的是這樣耶！以爲自己可以掌控一切，當事實並非他能掌控的時候就會有很大的反彈，非常不容易滿足，所以我們現在對於處理老大的情緒問題感到很頭痛。

相反的，弟弟情緒很穩定，不會亂哭，只要哭就是肚子餓或是想睡覺，滿足之後，就是靜靜自己玩不會亂發脾氣。這樣的好處是我們有事的時候，很容易找到人幫我們照顧弟弟，情緒穩定的小孩的確人見人愛啊！我相信未來應該也是很OK的！

附錄

附錄一 波爾夫婦的育兒妙方

你是不是在訓練你的孩子變得愛哭鬧？

我前面提過，不管你做什麼或沒做什麼，都是在訓練孩子。你知不知道孩子哭鬧的行爲，可能也是你訓練出來的結果？下面摘錄了波爾夫婦（Michael & Debi Pearl）所寫的幾篇文章，他們獨到的看法，幫助我們夫妻留意不要訓練出愛哭鬧的孩子。

受到不當訓練的三個月大嬰兒

我們教會有個年輕的媽媽，談到她當初怎麼會把三個月大的女兒小琪，訓練成哭鬧要人抱的習慣。剛開始的時候，小琪一看到爸媽準備離開，要去另外一個房間，就大哭起來，於是爸爸說：「把小琪抱起來吧，她想跟我們在一起。」結果媽媽一抱起來，小琪臉上就露出開心的笑容。就這樣，小琪被訓練成很喜歡哭鬧。她第一次哭鬧時，媽媽的反應是把她抱起來，這個習慣就此養成。

小琪的技巧越來越好，越來越懂得用威脅的手段，也越來越曉得怎麼讓別人痛苦。最後壓軸的手段是倒在地上，又踢又叫。當這齣戲碼在公共場合上演時，媽媽會覺得很丟臉，若是在家中上演，媽媽會覺得沮喪又憤怒。情況若繼續這樣發展下去，到最後，母女之間的關係會變得緊繃，一觸即發，母親不得不寫信向我們求救，想知道如何管教一個憤怒、叛逆、不知感恩圖報的少女。

這個小女孩還不滿三個月大的時候，就已經發現利用情緒來操縱的威力。好幾天來，她不斷磨練控制的技巧，學會利用母親的罪惡感來控制母親。只要一切都順著她的意思，她就很乖，一副討人喜歡的樣子。大多數的父母會忍受這種行爲，直到小孩兩歲的時候，才覺得孩子夠大了，可以在她胡鬧時打打屁股。第一次好好打她一頓屁股時，她會大發脾氣，哭得驚天動地，父母想到牧師說人類帶有「罪性」，他們想，也許這個孩子多了一倍的「罪性」。當父母帶孩子去看專業的心理輔導員時，他們會給她貼上「注意力短缺症」（Attention Deficit

Disorder，ADD）的不實標籤。

但故事還沒完，這個有智慧的母親決定重新訓練她三個月大的女兒。明知道女兒一定會哭，她還是把女兒放下來，然後一副氣定神閒的樣子，絲毫不理會女兒的哭鬧。只要小琪不哭，心情愉快，母親就會把她抱起來，跟她一起玩。當母親重新把小琪放回嬰兒床時，小琪又哭了，母親不理她，直到小琪的心情好轉再理她。經過幾天的訓練，每次小琪哭都不理她，最後小琪就不再用哭來達到她的目的了。現在四個月大的小琪不再用哭做手段了，幹嘛哭呢？根本就沒用。她被訓練成要保持愉快的心情，這項訓練對她的一生有全面性的影響。

我聽過一個喪氣的母親如此說（她有兩個孩子，一個五歲，一個六歲）：「等他們大一點你就知道！」其實小琪的哥哥姊姊也被訓練得很好，經常保持愉快的態度，很聽話。小琪的母親大約在兩年前開始有恆心地訓練孩子，結果很有收穫。她說：「訓練我的孩子眞有趣，我很享受跟孩子在一起。」

幾天後，有個十五歲的女孩到他們家，小琪的母親對她說：「你把小琪抱起來一下。」這個女孩問：「爲什麼要抱她起來，她又沒有哭？」這個母親回答說：「她哭的時候我不抱她起來，因爲這會訓練她用哭來達到目的，我都是在她表現良好時給她獎賞。」這個女孩立刻看出這是個明智的做法。也許將來這個女孩爲人母之後，會明智地從寶寶一出生就開始訓練，而不是等到三個月大才開始訓練。

訓練孩子不哭鬧

去年秋天在排球場上，又上演了一齣孩童訓練戲碼，有個媽媽天天把哭鬧不休的九個月大女兒，放在排球場邊的一塊木板上。我們每天下午打排球時，這對父母就輪流在場外陪這個哭鬧不休的嬰兒。這是他們的第一個孩子，兩個都是好父母，以爲有責任滿足女兒在「情感上」的需要。你說有哪個好父母會讓可憐的嬰兒獨自坐在那裡哭呢？

有時候要我閉嘴眞是難如登天，這一次，我最後還是忍不住脫口而出：「你們就讓她哭嘛，只要你們不過去，她就會自己玩了。」幾天後我注意到，這個寶寶獨自坐在木板上，而且沒有哭。後來有個朋友想走到寶寶那裡，做母親的趕快警告她說：「千萬別過去，要不然等一下你走開時，她又會開始哭。」我再度多管閒事，建議這個母親照下面這個做法去做：每隔十分鐘就走到心情愉快的寶寶那裡，拍拍寶寶的頭。等你走開時，寶寶可能會哭，但她會發現哭不能留住你的腳步。在這兩個小時內，不斷反覆這個做法，不要理會她有所求的哭聲。

短短幾天內，這個小女孩就能夠滿足地在旁邊自己玩了，偶爾會有人來注意她，但她不需要用哭來操縱別人的注意。現在她已是一個非常快樂的寶寶，她的母親好得意，像一隻下了雙黃蛋的母雞那樣驕傲。

孩子跌倒時

有一天我開著小貨車出門，前面剛好是一輛載著乾草的馬車，突然一個四、五歲大的小男孩從馬車上掉下來，跌坐在石子路上。沒有人注意到他，馬車繼續向前走，我正想著要不要過去幫他，卻見他一骨碌爬起來，跑去追馬車。他努力想跳上馬車，但試了幾次都沒成功，後來馬車上有人看見他，就抓住他的手一拉，把他甩回馬車上。這個小男孩坐好後，揉揉摔疼的部位就沒事了。他沒有因爲躺在路上，受了點擦傷，就期待全世界要爲他停下來。若是換成今天一個被溺愛、欠缺訓練的孩子，我可以想像這個孩子會哭鬧得多麼慘烈。

讀了上面那幾篇文章後，每次我們的孩子跌倒或受點輕傷，我跟先生都不會趕快跑去哄孩子。當然，我們對孩子的安危隨時提高警覺，但孩子不小心跌倒時，我們會趕快把頭轉開，假裝沒看見。後來當我們一歲的女兒跌倒時，她會自己爬起來，拍拍手上的灰塵，然後繼續玩。

（注）爲了進一步訓練孩子，請參考林奐均其他著作《沒有不受教的孩子》（如何出版）。

附錄二 丹瑪醫師教你對付不吃飯和貧血的孩子

不吃飯的孩子

丹瑪醫師說

下面這個故事經常在我的診療室上演。史密斯太太帶著三歲的女兒瑪莎進來，這小女孩很瘦，臉色蒼白，舌頭光滑，體力不好，經常哭鬧，表情沮喪。當我問母親有什麼問題，她會回答說：「醫生，這孩子都不吃飯。我爲了讓她吃東西眞是傷透腦筋，也給她吃各種維他命和鐵質，到現在已經看過好幾個醫生了。」

接著我會問她：「你女兒早上幾點起床？」

「我都是讓她睡到想起來再起來，大概九點、十點或更晚。」

「她早餐吃什麼？」

「什麼也不吃。」

「那你都準備什麼樣的早餐？」

「就看她要吃什麼，有時候是早餐麥片，有時候是一杯牛奶，不過她都只是坐在那裡，偶爾吃一兩口。」

「那她下一次吃飯是什麼時候？」

「十二點半左右。」

「她在兩餐中間有沒有吃東西？」

「如果她想吃的話，會吃些餅乾，然後喝一杯飲料或牛奶。」

「她午餐吃什麼？」

「什麼也不吃。」

「你都準備什麼樣的午餐？」

「有時候煮湯，有時候做三明治，但她都吃得不多。」

「她下一次吃飯的時間是什麼時候？」

「差不多五點鐘，是爸爸下班回到家的時間。爸爸喜歡早點吃晚餐，因爲他中午都吃得很少。」

「你女兒下午有沒有吃點心？」

「有，通常是喝點果汁或牛奶，吃點餅乾。她喜歡裝在奶瓶裡喝。」

「晚餐呢？」

「晚餐我會煮得很豐盛，我先生的食量很大，我會準備肉類、蔬菜，一道澱粉類食物，和一道甜點。」

「你女兒吃完飯後就上床睡覺嗎？」

「沒有，等我們準備上床睡覺時，她才會上床，大約是十一點。」

「她吃完晚飯後，有沒有再吃點心？」

「有，我們家隨時都有準備很多飲料、餅乾和牛奶，這樣她想吃的時候，就可以拿給她吃。我覺得只要能讓她吃點東西，不管吃什麼，都應該比不吃還好吧。」

仔細檢查後通常會發現，這樣的孩子可能很瘦，也可能看起來很胖，因為肚子很大的關係。她的頭髮乾澀，皮膚乾燥粗糙，摸起來像老年人的皮膚。她有很多蛀牙，牙齒琺瑯質被侵蝕得很厲害，可能還有幾處齒齦膿腫。她的扁桃腺可能腫大，這是因為經常吸吮，喉嚨時常發炎。她的子宮頸腺可能都腫大起來，像這樣的孩子，有時候所有的淋巴腺都會比較大。她的尿液呈鹼性，通常可以在尿液中找到糖分和一些膿細胞。她的血紅素只有正常數值的一半，淋巴球的數量很高，紅血球看起來稀疏、蒼白、無力。紅血球的數量有時會低到令我擔心這孩子也許得了淋巴性白血病。心臟收縮時有輕微的雜音。

我檢查完就對這位母親說：「這是很嚴重的情況，如果她體內沒有正常的含氧量，她的腦部、甲狀腺、消化器官和體內的每一個細胞，就無法正常運作。如果沒有血液，就不能把氧氣輸送到體內各部位的細胞。這個孩子需要多一倍的血液（或血紅素）……身體需要靠各部位同心協力才能運作，所以她沒辦法像同齡的孩子玩得那麼盡興，才會常常哭鬧……她的身體無法製造血液，沒有血液就沒有營養，她各部位的腺體都無法正常運作……」

「雖然服用維他命和鐵質有幫助，但不能解決這個問題。只有確實按照一套好方法去做才能挽救這個孩子……」

「她的生活作息不應該由她自己來決定，你是她的母親，你有責任教導她，替她決定，知道怎麼做對她最好。你小的時候，母親會讓你睡到太陽曬屁股了才起床嗎？她會讓你自己決定什麼時候吃飯、要吃什麼嗎？」

「沒有，我母親有很多事要忙，不可能讓我們睡懶覺。我父親天亮起床時，我們就得起床，跟他一起吃早餐。」

「你爲什麼不學學你的母親，給孩子一個機會呢？」

「首先我們得治療這孩子的牙齒，有膿腫的牙齒要拔掉，蛀牙的地方要補好……當初你若能做到兩件簡單的事，今天她就可以保住牙齒，你也可以保住荷包。第一，不要讓她在兩餐之間吃東西；第二，不要給她喝汽水。」

「我以爲多喝牛奶會讓她的牙齒更健康。」

「牛、馬、獅子和其他哺乳動物，在斷奶之後就不再喝奶了，但牠們的牙齒都好得很。」

「解決牙齒和扁桃腺的問題後，我要你照著下面這套程序做三個月，然後再回來看我。我不會開藥給你，你只要照著母親當初帶你的方式去做就行了。」

「早上你們夫妻起床時，女兒就得起床。你應該準備一頓豐盛的早餐，要有肉或蛋，燕麥片、玉米碎片或麥片粥，鬆餅或麵包，新鮮水果和煮過的水果

（如罐頭水果），以及白開水。要在早上七點吃這頓早餐，等全家都上桌後才開動，開動前應該做個謝飯禱告。吃飯時不要討論這些食物怎樣，也不要批評這些食物。爸爸一吃完，就把飯桌收拾乾淨。接下來到十二點半之前，你女兒都不能再吃東西或喝飲料。如果爸爸不在家，中午可以吃前一天晚上的剩菜。你做晚餐時要事先考慮到這一點，多煮一些，可以當你跟孩子明天的午餐。午餐絕對不要只做個三明治或煮個湯，吃午餐時不能喝飲料，只能喝水。到晚上六點吃晚餐之前，都不能吃別的東西或喝飲料，只能喝水。晚餐應該有肉、綠色蔬菜、澱粉類食物、新鮮水果和煮過的水果、生菜沙拉、全麥麵包，以及白開水。」

「白天不要讓她睡覺，只有吃過午飯後應該休息一小時，這樣她到了晚上六點半到七點時，就已經準備好可以上床睡覺了。試試看，好好和女兒過每一天，讓她幫你做家事，你也準備好幫助她解決問題。教她縫紉，烘焙時讓她在旁邊幫忙，吃完午飯讀故事書給她聽，教她怎麼自己玩、自己做娃娃和娃娃的衣服。你若這麼做，就會變成一個快樂的媽媽，而她則會發現孩童生命中最重要的一件事是——有個母親能夠好好地引導她。」

如果做母親的，眞的照我的方法做三個月，下次回來看我時一定會說：「醫生，我以前都不知道我的孩子這麼好，現在她帶給我們許多喜樂，全家和樂融融。小孩子再也沒有不肯上床睡覺的問題，也沒有不吃飯的問題了。」

人生十分短暫，爲什麼不願意給我們的孩子一個機會，好好養育他們？今天（從前也是一樣）的首要之務——父母因爲愛孩子，所以給他們機會享有健康的身體，明白應對進退之道，懂得尊重他人，對上帝、對人都抱著感恩的態度，這些都是父母必須教的。從受孕那一刻到孩子六歲之間，是一個人生命中最重要的一段期間……

孩子滿六歲以後，如果我們之前都沒有用嘮叨、強迫和賄賂的方式來塑造他的性格，他的食慾就會很好，接下來兩年會發育得很快。兩年後食慾會持平，體重慢慢增加，食量普通。到了青少年時期，食慾會大增，尤其是男孩，但不管是男孩或女孩，只要遵守健康準則，別在兩餐之間吃東西，讓胃有機會空下來，這段時間的食慾就會大增。

貧血的孩子

丹瑪醫師說

小孩子有貧血時，能不能自然痊癒，讓身心恢復最佳狀態，就看血液中有沒有足夠的含氧量。但身體若要造血，就必須有適當的飲食，也必須解決導致貧血的感染源。

有一個人常常聽到別人說，只要攝取鐵質和維他命，貧血就會好。有一天他終於聽夠了，忍不住說：「爲什麼要吃藥來幫忙造血？爲什麼不乾脆找出導致貧血的原因就好了？」

有幾種貧血症需要持續服藥，但我這裡要講的貧血不是這幾種，我是指常見的續發性貧血，這是可以治癒的……如果我們只是開藥給貧血患者服用，卻不除掉導致貧血的病因，停止服藥後就會再度貧血。今天有許許多多患有貧血的孩童和大人，都只是針對症狀服藥而已。

你去看看貧血孩童的生活起居和飲食，會發現情形都一樣。

「有什麼問題嗎？」

「醫生，我這個孩子一天到晚生病，不吃飯，睡不好，很愛哭，愛發脾氣，便祕，我實在不明白，這個孩子怎麼問題這麼多。我帶他看過很多醫生，什麼藥都吃過了。」

「他當初是吃母奶還是配方奶？」

答案通常是喝配方奶。

「我看一下你們每天的作息時間表。」

「我沒有作息時間表，都是小孩子要怎樣就怎樣。」

「那他早上幾點起床？」

「沒有固定的時間，有時九點，有時十點。」

「他早餐吃什麼？」

「什麼也不吃。」

做母親的說完後，通常又會補充說，其實他吃了一點早餐麥片加牛奶，或是吃了吐司夾果醬，也許還喝了一杯牛奶，反正只要他肯吃就謝天謝地了。

「他下次再吃飯是什麼時候？」

「大約十二點。」

「他午餐吃什麼？」

「除了喝牛奶，其他幾乎都不吃。」

「他什麼時候睡午覺？」

「大約兩點。我會給他奶瓶，讓他帶上床去喝。」

「他幾點醒來？」

「大約三、四點。」

「起來後，你會給他吃東西嗎？」

「會，我給他一個奶瓶和一些餅乾。」

「他什麼時候吃晚餐？」

「大約六點。」

「他晚餐吃什麼？」

「不多，也許吃點肉和馬鈴薯，然後喝奶瓶裡的牛奶。」

「他什麼時候上床睡覺？」

「大約十點，我會給他奶瓶，讓他帶上床去喝。他整晚都含著奶瓶睡覺。」

貧血的孩子需要的不是藥，而是一個好媽媽和營養健康的食物，他也需要接受徹底的檢查。如果他有一顆牙齒壞了，就應該把它拔掉或治好。如果他的扁桃腺不斷發炎腫大，就應該摘除……應該盡力找出導致貧血的感染源。但是要一面找出根本原因，一面給孩子吃些有營養的食物，讓他攝取鐵質和維他命等等，使身體恢復造血的功能。

孩子罹患貧血後，剛開始代謝功能會變差，活動力變小，食慾變差，母親會越來越擔心，最後開始強迫孩子吃東西，或是一天到晚給孩子吃點心。這些孩子的情形都很像，他們喝很多牛奶，有的用奶瓶，有的用杯子，有些孩子的血紅素低到只有正常數值的十分之一。

動物在斷奶之後就不再喝奶了……牠們都不會蛀牙，也不像人類會罹患貧血。一歲大的德國牧羊犬如果吃牠該吃的狗食，每餐有肉有蔬菜，就會有正常的血紅素數值，和六百萬個紅血球。如果仍然餵牠一樣的食物，但每天多給牠喝一夸脫（約一．二公升）的牛奶，兩個月後，牠的血紅素數值和紅血球數量都會降低百分之三十。如果只給這隻狗喝牛奶，牠活不到兩個月。我會知道這些是因為我做過實驗，為什麼喝了奶之後，紅血球數量和血紅素都會降低？真正的原因沒有人知道，但確實會有這種情形。並不是因為這隻動物只喝牛奶，不吃別的東西，平常飲食正常的狗和貓，在多喝牛奶的情況下，仍會患上貧血。但只喝牛奶的動物，會更快罹患貧血，而且病況會嚴重得多。

這種情形在現代孕婦身上很明顯，懷孕三個月後，胃口大多很好，但有些孕婦還沒懷足九個月就患了嚴重的貧血。這些母親通常聽從建議開始喝牛奶，主要是為了寶寶的健康，以及多補充鈣質。但如果她們已經有適當的飲食，喝牛奶不但沒有必要，反而有害身體。

患貧血的孩童有一些典型的症狀——面色蠟黃，手腳呈O字型，大大一張國字臉，手腕和腳踝肥大，腹部鼓起。可是如果不再喝牛奶，開始吃些營養健康的食物，並且兩餐之間相隔五個半小時，這些症狀就會消失。我開給許許多多貧血孩童的菜單內容，原則上都是每餐要有肉，如牛肉、羊肉、雞肉、魚肉、肝等等肉類；一天吃三次蔬菜，如黑眼豆、高麗菜、秋葵、青花菜、白花菜、瓜類、甜菜根、四季豆等等；還有水果，如香蕉、蘋果、梨子、李子。澱粉類可以吃全麥穀片、地瓜、燕麥粥、全麥麵包或糙米，不喝飲料，只喝水。第一個月，血紅素數值會上升百分之十到十二之間，不是很快，但等孩子的身體造出足夠的血和骨髓之後，就有機會恢復正常，這時血紅素數值就會上升得比較快。

做母親的必須知道，剛開始的進展一定比較慢，她必須了解，沒有血就不能造血。當血紅素數值是正常值的百分之十到五十之間時，造血功能會比正常情況小百分之五十到九十。一旦母親了解孩子的狀況，知道應該按照一套合適的作息時間表之後，就會恍然大悟，她的孩子需要的不是醫生，而是一個好母親，願意幫助孩子培養出強健的身體，讓身體的功能可以充分發揮出來。我從來不會告訴做母親的，血紅素數值恢復正常後，孩子每科成績都會拿甲等以上，但我會告訴她，正常的血紅素數值，會幫助孩子充分發揮大腦的功能。

我們幫助孩子的時候，要找出眞正的問題所在，不能夠只看表面的問題。我們不能夠強迫他出去玩，而是要幫助他有體力，讓他自然想去玩……我們不能夠強迫孩子吃，而是要幫助他有食慾，讓他自然想要吃。這些都是很簡單的道理，只要稍微想一想，就會懂得身體的運作原理……

許多家庭花很多錢買各種含糖飲料、牛奶、早餐穀片、餅乾等等東西，其實可以拿這些錢來買好的肉類、蔬菜、水果和全麥的澱粉類食品……他們是花錢摧毀自己的身體，而不是花錢讓身體更健康。

所以預防貧血最重要的下一步，就是正確的飲食，儘量到戶外去，天天運動，不要吃有害身體的東西。

我們必須教育做母親的，讓她們知道自己是孩子生命中最重要的人，她們應該用喜樂的心態來扮演母親的角色，而不是覺得自己像受到懲罰一樣。她們必須曉得能夠為人母是個特權，而不是一份苦差事……

我看過許多學童因為得到妥善的照顧，成績突飛猛進。也看過許多家庭在妥善的照顧下，從一團混亂變成溫馨舒適的住處。

當母親發現孩子身體不好，或是行為不正常、悶悶不樂，就應該問問自己下面這些問題：

● 我給孩子吃的東西對不對？

- 孩子兩餐之間有沒有相隔五個半小時？
- 孩子在兩餐之間有沒有吃東西？
- 孩子應該吃多少東西，才能夠使他的血紅素數值上升？
- 我有沒有讓孩子養成予取予求的習慣？
- 孩子有沒有在七個月大時斷奶？還是現在仍在喝奶？
- 孩子每天喝多少奶？
- 桌上的菜餚看起來好吃嗎？
- 孩子吃飯的時候開不開心？我有沒有常在飯桌上嘮叨？我吃飯時是不是一直在注意孩子吃些什麼、吃多少？
- 我做的飯菜是不是營養均衡又完整，還是像吃點心一樣？吃飯時我會給孩子喝含糖飲料嗎？我會在孩子吃飯之前，先給他喝杯牛奶嗎？
- 我會不會在飯桌上賄賂孩子，對他說，如果把飯吃完，我就給他蛋糕吃？
- 孩子會不會覺得能夠吃飯是個特權，而不是件苦差事？
- 孩子的睡眠夠不夠？

分析完這些問題之後，如果確定孩子的問題跟我們的做法沒關係，就應該帶孩子去看醫生，因爲他可能是病了。正常的孩子很快樂，會願意吃東西，而且不會無緣無故罹患貧血。

慶功版全新收錄1

丹瑪醫師給父母的話

養育孩子是帶給父母喜悅的工作

Meitzu／譯

我深深覺得，在孩子生命的頭幾年，與母親有良好、親密的關係，是相當重要的。孩子應該由父母親自培養，如果這項工作讓他人代勞，必然會造成孩子的損失。報章雜誌的女權文章常說，女人不該被綁在家裡相夫教子，尤其是那些受過良好教育的成熟女性，應該去做更有價值的事，而非如此低等的事。但女權解放後的世界，孩子變得更快樂了嗎？女人有利用得來不易的自由，讓孩子過得更健康、更幸福嗎？

更大更深一層的問題是，媽媽是該把人生花在讓社會運轉、科技進步上，還是該把人生投資在孩子身上，使孩子成爲有用的人？

這個問題，夫妻婚前就該討論了，孩子出生之前，兩人最好再談一次；一位好好想過這個問題、愛丈夫與孩子的女人，是不會爲了替別人或別人的孩子工作，而放棄養育孩子長大的機會。因爲替自己在世界上最愛的人工作，應該是所有人的夢想。

以下的例子，是現今許多孩子的寫照，他們的媽媽認爲，當家庭主婦沒出息，或認爲經濟保持餘裕比較重要，所以，生了孩子之後，還是繼續工作。

六點鬧鐘一響，小強的爸媽不管多累，都得趕緊起床叫醒小強、梳洗、吃早餐，送孩子去托嬰中心，然後趕在八點半之前進公司上班。

因爲前一晚根本沒睡飽，小強的爸媽起床時心情很不好，吃早餐也吃得非常趕，邊吃還要邊催小強吃快一點，或有時候小強根本就不想吃早餐，他們也拿他沒輒；時間一分一秒過去，眼看就要遲到了，小強還要吃不吃的，爸媽越看越生氣，嗓門越來越大，最後演變成互相指責對方沒把小孩管好。

小強聽著爸媽大吼大叫，更沒心情好好吃飯、上廁所；很快的，時間已經到了七點半，儘管他仍然沒有好好吃飯、上廁所，還是被拎出門了。

接著，爸媽分頭去工作。媽媽的長官是位帥氣幽默、西裝筆挺的男人，自己的先生與長官一比，馬上輸了一大截。長官有位很好的太太，在家幫他照顧孩子、打理家務、料理營養的食物，他覺得自己辛苦賺的錢都花在刀口上，生活得很開心。

其實，如果小強的媽媽不要爲了追求物質生活出門工作，而是在家爲先生打點大小事，她的先生也能成爲這樣的男人。

有時候，她忍不住會想：「如果跟長官結婚那該有多好。」但，如果今天長官的太太是職業婦女，沒有人在家專心打理家務，他不可能成爲如此完美的男人。

一個在生活上無法得到滿足的男人，不可能是好同事或好先生；而賢慧的妻子，是讓男人幸福開心的關鍵。小強的媽媽可能要嫁給長官後，才會明白，要不是因爲長官有一位賢妻在家幫他打點一切，他和她先生也沒什麼兩樣。

小強爸爸匆忙趕到公司後，也許會被年輕的女下屬吸引，她不用洗衣服、刷洗鍋碗瓢盆，也不用照顧小孩，所以看起來精神很好，雙手柔嫩又有光澤，因爲沒有養小孩的壓力，錢還可以拿來打點全身的行頭、旅行、閱讀、進修、充電、了解時事，跟她相處相當愉快。

小強的爸爸不禁會想，如果我娶了這樣的女人，就會變快樂了。但其實如果這位女子跟他太太一樣，每天要工作，下班後還要料理家務、照顧小孩，那她也會變得跟小強媽媽一樣。

小強的爸媽一邊辛苦工作，一邊把枕邊人拿來與同事比較，兩人都不開心。

小強在托嬰中心待了一整天，一直不敢顯露自己的本性，如同大多數的孩子一樣，他只敢對父母耍脾氣。老師總是說：「小強是我看過最乖的孩子了。」但當小強的爸媽一出現，他就開始抱怨、發脾氣。

小強在托嬰中心的作息如下：七點半送到托嬰中心；十點吃點心；十二點吃中餐的時候其實他還不餓，但他不敢不吃，因爲他沒機會跟他所愛的人表達不滿，所以他甚至常常把食物吃光；下午兩點午睡到下午四點，起床後他喝了杯牛奶，又吃了點餅乾，六點搭校車回家。

小強到家時，爸媽也剛回家。爸爸很累，心裡還惦記著那位漂亮的女下屬，想著她下班時還是一樣美麗；媽媽也很累，對忽略小強感到虧欠，但心裡也還對長官迷人的談吐與耐心念念不忘。

至於小強，他在托嬰中心吃了四餐，胃根本沒有清空休息過，所以一點也不餓；另外，因爲下午睡了兩個小時的午覺，現在精神還是很好。

這時，晚餐還沒煮、衣服還沒洗、明天要穿的衣服還沒燙，上班前沒空清理的碗盤與家務，還等著去收拾。媽媽對爸爸說：「你很累我也很累，麻煩大爺您放下手上的報紙，我去做晚飯，你去幫小強洗澡，謝謝！」

「不要！不要！」小強忍了一天，好不容易有機會在心目中的最佳觀衆面前表演耍脾氣，他哪會這麼容易放棄。他先是死拉著衣服不肯脫下，爸爸一開始連哄帶騙，但小強都不爲所動，最後爸爸忍不住大發脾氣，對小強又打又罵。

媽媽實在看不下去了，最後決定自己幫小強洗澡，這讓小強發現了一件事，那就是當媽媽在的時候，他就不用聽爸爸的話。

好不容易，晚餐上桌了，要讓小強坐在餐椅上吃飯，又是另一個挑戰。小強兩個小時前才剛吃過點心，現在一點也不餓。當爸爸把盤子放到小強面前，「我不想吃！」小強馬上把盤子推了回去。爸媽用盡從書上看來的招數，希望小強可以好好吃飯，但一點用也沒有。爸媽忍不住又發起脾氣，他們先是互相指責，接著小強被打了一頓，被請下餐桌。

餐桌上的爸媽氣到一句話都不想說，悶著頭把碗裡的飯菜吃完。吃完飯，爲了讓家事可以順利有效率地做完，他們希望小強快點去睡覺，但小強一下子推倒椅子，一下把電視開得超大聲，一下又在高級沙發上跳來跳去、大聲甩門、發了瘋的哭鬧，藉此想向爸爸宣示：「媽媽在，你拿我沒輒！」（如果是小女孩，則會做給媽媽看，讓媽媽知道爸爸會捨不得她。）

媽媽再次對小強的行爲感到自責與愧疚，因爲她覺得是自己忽略孩子，才造成這樣的結果；她實在看不下去爸爸打小強，她知道該被處罰的其實是自己。

接著，他們試著要小強去睡覺，但小強幾乎睡了一整個下午，根本不累（其實兩歲後的孩子不需要午睡）。

他們幫小強換了睡衣、放到床上，但小強不想待在床上，他一次又一次地要求喝水，最後爬了出來。爸媽放棄哄睡，只好隨他爬來爬去，直到他們把手上的工作都做完了，這時已經十一點半了。於是一家三口一起回房，他們只剩六小時可以睡，睡前小強還一直喊著：「媽媽，不要離開我；媽媽，我不想要睡覺。」

這是現今許多孩子的生活寫照。被這樣帶大的孩子，怎麼能期望他們有任何美善的品格？看看大自然中的其他動物，母親會不斷訓練她的孩子，直到他準備好能獨自生活才放手讓孩子離家，而現在卻有越來越多父母急著把孩子送出家門。

有許多問題，孩子需要從爸媽身上學習與尋找答案，他會反覆問許多問題，而父母應該不厭其煩地回答，直到孩子學會他們家獨特的思想與生活方式。他們在林家或是陳家長大，從說話、走路、睡覺、吃飯就看得出來。常常有人問我：「醫師啊，這孩子怎麼跟我小時候一點都不一樣？」答案是，這孩子是被其他人帶大的，他的行為舉止當然就會像那位訓練他的人。

一個人的養成是潛移默化、逐漸成形的，我們無法看出自己所作所為對孩子的影響，但若你觀察三、四歲的孩子在遊戲時的言行舉止，你會發現，他的主要照顧者，無意間已將許多東西都傳遞給孩子了。

這是有史以來母親最忽略孩童，且親子關係最疏離的世代，父母常常用禮物與金錢來彌補心中的愧疚，但這對孩子欠缺父母的教養所造成的後果，一點用也沒有。

托兒所與幼兒園的職員，爲這些不幸的孩子而產生，但他們完全無法取代母親的角色。

儘管一直聽到有人說：「女人不該被孩子綁在家裡。」但一位眞正的母親，絕對也從不會覺得孩子是種懲罰，反而覺得當母親是種祝福，因爲養兒育女是世上最寶貴的機會。

如果我們認清養育孩子是這世上最重要，且能帶給父母喜悅的工作，那麼，在養育孩子的過程中，我們每天都會相當振奮與欣喜。

——本文摘自《每個孩子都應該有機會》（*Every Child Should Have A Chance*）丹瑪醫師著

慶功版全新收錄2

丹瑪醫師的兒科案例

Meitzu／譯

找出明顯的徵兆

有一位媽媽帶著她的兒子來找我，說這孩子最近在學校課業表現不佳，也很不聽話；平常在家叫他過來，他也不會回應。我替這位小男孩做了檢查，發現他其實很健康，只是兩邊的耳道都被耳垢塞住了，因此聽力受到影響，聽不見老師說的話，也聽不到媽媽的呼喚。

這位孩子的媽媽早就該察覺問題並不單純，幫助孩子找出原因，而非等到他在學校出狀況、在家被人誤會、覺得自己被當作無名小卒、沒有前途之後才來處理；孩子的老師也應該察覺孩子在課堂上的反應有異狀，而非不分青紅皂白就幫學生貼上壞學生之類的標籤。當孩子有明顯的異狀時，老師、父母、醫生都應該要發現才對。

每年都有許多孩子，因爲飲食習慣不正確，和所謂的「重感冒」，造成身體上莫大的傷害。母親很容易忽略感冒，把很多症狀當作理所當然的事，而不設法查出原因、解決問題，直到孩子高燒不退，或因耳痛哭了一整夜才來找我。我常常會問孩子的母親：「你什麼時候發現孩子生病呢？」她們常說：「我的孩子常會流鼻涕啊，其實這陣子都在流啦！所以我以為他很正常，沒想到會這麼嚴重啊，不是所有的孩子都常在流鼻涕嗎？」

事實上，做母親的必須了解，如果孩子一直流鼻涕，特別是流「黃鼻涕」時，若不好好觀察處理，可能會引發重症。流黃鼻涕是不正常的，如果你的孩子開始流黃鼻涕，通常已經不是一般的小感冒，而是被細菌感染；感冒或鼻子過敏，都可能導致鼻粘膜腫脹、鼻竇的開口阻塞、分泌物滯留，細菌很容易趁機在鼻竇黏液中生長繁殖，引發鼻竇發炎及感染。所以，孩子流鼻涕不可輕忽。

有媽媽跟我說，她的孩子最近常常大便在褲子上；她用懲罰、賄賂，或在他把褲子弄髒時，說他「羞羞臉，這麼大了還在褲子上大便」，希望透過這些方式改善狀況，但都沒有用。

幫孩子檢查後發現，他的直腸裡有許多糞，估計應該有好幾個星期都沒正常排泄了；我問那位母親，上次孩子正常大便是什麼時候，她卻回答不知道，因為孩子都自己去大便，她不會跟進去，也不會管那麼多。

另外一位十歲男孩跟這個孩子情況類似，曾經因此包尿布上學一年。其他醫生告訴他，是因為肛門約肌失去作用，所以大便一直滲出來。

檢查後發現他的直腸裡有一條長達十．一六公分長的大便，肛門被大量硬便堵塞，比較軟的大便或糞水一點一滴從硬便旁邊滲出來。

最後我把硬便拿掉，並要求男孩飲食習慣要正常、不要喝牛奶或吃奶製品、在固定時間上廁所，避免壓抑便意。他照做之後，就再也沒有問題了。

以上這些狀況在兒科其實很常見，許多孩子因此吃了很多苦頭。大部分的孩子兩歲之後，都已經戒尿布了，這時，如果孩子仍持續尿濕或弄髒褲子，家長最好帶他去檢查，找出真正的原因。

兩歲以後的孩子，尿濕褲子或尿床都是有原因的。

一位媽媽告訴我，她的女兒老是尿褲子，而且似乎害怕排尿。檢查後發現這位小女孩的外陰部呈現紅色，且當她開始排尿時會陰部感到疼痛；小女孩一方面想中斷排尿以避免疼痛，另一方面她無法抑制她的尿意，因爲身體有尿本來就需要排出。這位可憐的孩子就一直處於這樣矛盾又難受的狀況。

如果她的母親發現問題後有檢查她的身體，她看見外陰部的狀況可能就會了解爲什麼褲子會濕掉。

也許這孩子錯誤地使用衛生紙，將紙往前擦使糞便沾到外陰部而造成感染；也許她可能吃了什麼過敏原引發紅疹；也許她吃太多柑橘類或番茄而造成尿液偏鹼性，使得陰部有灼熱感。在某些請況下，由於小陰唇也開始腫脹，必須用力使尿液從小小的開口排出也會造成疼痛。

所以，母親在幫孩子洗澡時，應該要檢查孩子身體是否有異狀，如果有，應該馬上帶孩子去找醫生。

孩子尿濕褲子有很多原因，感染、泌尿道器官或膀胱異常都是非常可能的，另外，有三件事情可以預防小女孩發生尿褲子的問題，首先要教導小女孩正確使用衛生紙，由前往後擦以避免感染；第二，要有良好的衛生習慣，保持私處乾淨健康；第三，不要喝除了水之外的飲料。

如果以上三件事都做到了，孩子還是尿褲子，媽媽就該帶去給醫生看，特別是女孩一般都不喜歡也不想尿褲子。

男孩如果發生一樣的狀況，可能的原因與解決的方式也相當類似，首先，我們必須檢查並幫忙孩子做好清潔工作；不要讓他們喝含糖飲料或碳酸飲料；另外，太多奶類、奶製品或柑橘類的食物也會使男孩產生鹼尿，讓尿道有灼傷感。

兩歲以上的孩子其實應該不用包尿布，如果還會尿床或尿濕褲子，大部分是因爲孩子喝太多不該喝的東西，或是因爲膀胱、身體健康有異常，父母得仔細觀察，找出癥結。而我最常建議孩子要三餐規律飲食，餐與餐之間，除了水之外不要喝其他飲料，這個方法救了許多我的小病人們。

許多醫生這輩子最感到罪疚的狀況，常常是因爲他們沒有發覺或忽略那些明顯的徵兆，而覺得患者應該有難以發現或特殊的問題；他們花很多時間去尋找他們以爲可能存在的原因，後來才發現自己錯失了眞正的關鍵原因。

——本文摘自《每個孩子都應該有機會》（*Every Child Should Have A Chance*）丹瑪醫師著

致謝

感謝上帝賜給我一個美好的家庭。

感謝我先生給我最大的支持，在我寫書期間，樂意照顧五個幼女，並且不斷地爲我們全家「捨命」。

感謝丹瑪醫師的樂意協助，她的智慧和幽默感，不斷啓發我享受育兒之樂，做個好媽媽。希望本書可以盡棉薄之力，傳承她的精神。

感謝史帝夫姑丈和瑪蒂亞姑姑。自從我們打電話問他們怎麼訓練寶寶一覺到天明，他們就一直給我們很多幫助。他們大力支持本書的出版，閱讀我的書稿，提供建議，並且欣然同意我摘錄瑪蒂亞姑姑的書。

感謝波爾夫婦（Mike and Debi Pearl）慨然允諾我摘錄他們的文章，他們的教導大大改變了我們的家庭生活。

感謝我父母林義雄和方素敏不斷熱心地支持我、協助我。

感謝許惠珺，我很榮幸有這麼一位優秀的譯者爲我譯書。

感謝圓神出版事業機構，謝謝你們的用心和努力！

Thanks

To God for gifting me with a precious family.

To my husband Joel, my biggest support. He graciously took care of our daughters during my writing days. And he continues to 'lay down his life' for his family.

To Dr. Denmark for graciously cooperating with me on this book. Her wisdom and sense of humor continually inspire me to enjoy my children and be a good mom. I hope that in a small way my book can carry on her legacy.

To Uncle Steve and Aunt Madia. They have been helpful since we called them six years ago needing advice to help train our first daughter to sleep through the night. They were so supportive through this book project, reading my drafts, offering advice, and graciously allowing me to quote from Aunt Madia's book.

To Mike and Debi Pearl for graciously allowing me to reprint their articles, which have been family life-changing for us.

10年後的我們

本書10年前首刷出版時，我們只有三個女兒，這10年之間，
我們家陸續增添了新成員：老四Saorsa和老五Seren。
老大目前（2016年）16歲，老二14歲，老三12歲，老四7歲，老五4歲。

▲ 由左至右分別是老三、老二、奐均、Joel、老四、老大和老五。

▼ 老四Saorsa和老五Seren。

▲ 我們全家與瑪蒂亞姑姑，以及她年紀最小的三個孩子。

▼ 老四Saorsa。

▼ 老四Saorsa（右）和老五Seren（左）。

▲ 老五Seren。

▼ Joel今年（2016）獲得了博士學位。

沒有不受教的孩子

以愛為後盾的K.I.C.K. 教養法

林奐均 著／許惠珺 譯／如何出版／定價299元

讀者天天問！繼《百歲醫師教我的育兒寶典》暢銷書後，教養孩子的最佳指南！
【2011年度暢銷作家】華文Top9：林奐均　睽違五年最新力作！

讓你告別百貨公司的耍賴兒、餐廳裡的尖叫兒和家裡的小皇帝！
空出時間和心力，教孩子更多重要的事，更讓自己喘口氣！
從現在起立刻執行，不用數到三，也不需苦口婆心＋威脅利誘！

牧師教我的神奇教養法，使我家井然有序，孩子快樂又自信！

六年前，我的家庭生活一團混亂，每隔五分鐘，家裡就會有孩子尖叫或哭鬧。我用盡各種辦法，打屁股、用貼紙當獎勵、用糖果哄、叫孩子到浴室面壁思過，不但效果不彰，自己也筋疲力盡！

後來我拜訪了一個牧師家庭。他們家和諧安詳、井然有序，孩子快樂又聽話。於是我特別從牧師那邊習得了這套教養法，一試之下，孩子很快就明白——媽媽講第一次時就要聽從，媽媽說到就會做到！我也不再因爲反覆嘮叨和長時間累積怒氣而受挫。更奇妙的是，過沒多久，孩子甚至不需要管教，也能通情達理，並且開心又充滿安全感。

繼《百歲醫師教我的育兒寶典》之後，我將親身使用這套「K.I.C.K.教養法」的經驗與你分享，希望你的家庭和孩子也能因此受惠！

百歲醫師教我的育兒寶典Q&A

（附實作DVD）

林奐均 著／陳主欣 譯／如何出版／定價350元

「丹瑪醫師育兒法」實踐者林奐均全新力作！
蒐羅10年來的讀者Q & A，你的問題都有解！

《百歲醫師教我的育兒寶典》連續九年雄踞百大排行榜！
經驗豐富且值得信賴的丹瑪醫師育兒法！

新手父母必備！
隨書附贈實作示範ＤＶＤ，教你正確鋪床、製作營養充足食物泥等。

丹瑪醫師育兒法是對寶寶最有益、最自然且充滿愛的育兒法！
實行丹瑪醫師育兒法的家庭，父母輕鬆自信，寶寶健康滿足！
所有育兒迷思一次解惑，人云亦云的觀念一次導正，
讓你重拾爲人父母的喜悅，明白育兒的眞正價值。

沒有不適用丹瑪醫師育兒法的寶寶！
看完一定成功！難搞寶寶也能變成超好帶寶寶！

國家圖書館出版品預行編目資料

百歲醫師教我的育兒寶典（10年慶功版）/ 林奐均著；許惠珺譯. -- 初版. -- 臺北市：如何, 2016.12

240 面；14.8×20.8公分 --（Happy family；67）

ISBN 978-986-136-468-1（平裝）
1. 育兒
428 105012982

Eurasian Publishing Group
圓神出版事業機構
用心與你對話．視野無限寬廣
如何出版社
Solutions Publishing

www.booklife.com.tw reader@mail.eurasian.com.tw

Happy Family 067

百歲醫師教我的育兒寶典（10年慶功版）

作　　者／林奐均
譯　　者／許惠珺
圖　　片／林奐均提供
發 行 人／簡志忠
出 版 者／如何出版社有限公司
地　　址／台北市南京東路四段50號6樓之1
電　　話／（02）2579-6600・2579-8800・2570-3939
傳　　真／（02）2579-0338・2577-3220・2570-3636
總 編 輯／陳秋月
主　　編／柳怡如
專案企劃／賴真真
責任編輯／尉遲佩文
校　　對／林奐均・柳怡如・尉遲佩文
美術編輯／金益健
行銷企畫／吳幸芳・陳禹伶
印務統籌／劉鳳剛・高榮祥
監　　印／高榮祥
排　　版／莊寶鈴
經 銷 商／叩應股份有限公司
郵撥帳號／18707239
法律顧問／圓神出版事業機構法律顧問　蕭雄淋律師
印　　刷／祥峰印刷廠
2016年12月　初版
2023年6月　8刷

定價 300 元　ISBN 978-986-136-468-1